おいしいゼリーブック

グラフィック社

g

はじめに

ぷるん、プルプル、つるん、とろり……。
ゼラチンやアガー、寒天などで
様々な食感に固め仕上げた生菓子「ゼリー」は、
口にしたら誰もがたちまち幸せになるデザートです。
この本では、果物を贅沢に使ったものからほろりと苦いコーヒーゼリー、
餡子と合わせた和風のゼリー、そして懐かしのゼリー菓子まで、
各地の多様なゼリーを約165点集めてご紹介しています。
日常のおやつに、大切な人への手土産に、
あなたにとって特別なゼリーが見つかりますように。

小さなデコレーションモアリッチ / ゼリーのイエ(P7)

もくじ

〈表紙のゼリー〉

表面…さくらんぼゼリー／たかはたファーム
山形県産の大粒のさくらんぼを、上下交互に美しく配置したパーティーデザート。

裏面…ゼリー／ゼリーのイエ（P8）

〈大扉のゼリー〉

カラフルボール ほか／たかはたファーム（P56）

〈もくじのゼリー〉

フルーツアラモード／京寿楽庵（P22）

1 専門店と洋菓子店のゼリー

ゼリーをメインに作るお店の
特別な日に食べたいデザート。

昭和63（1988）年創業、福島県いわき市にある親子で営むゼリー専門店。こちらの小ぶりなデコレーションゼリーは、店のゼリーのほとんどの味を楽しめる贅沢な一品。ミルク、メロン、いちごなどのゼリーが何層にも重なり、その上にキューブ状にカットされた色とりどりのゼリーが浮かぶ。

小さなデコレーションモアリッチ

ゼリーのイエ／福島

福島県いわき市小名浜寺廻町7-16
TEL 0246-54-2431
http://www.zerry-house.com

販売…通年　＊WEB通販限定品（自社サイト）

ゼリー

キャラメルムース
アセロラミックスゼリー
メロンゼリー
カプチーノゼリー
トロピカルミックスゼリー
ミルクゼリー
ブラッドオレンジゼリー
ブルーハワイゼリー
イチゴゼリー
あずきムース
オレンジゼリー
マスカットゼリー

季節ごとに変わる味は20種以上。添加物を極力使わずひとつひとつ丹精込めて作られている。手のひらに乗せるとずっしり重く、口に含むとぷるんと弾力ある食感。透き通ったゼリーの中にはそれぞれ違う味のムースやカットゼリーが隠れており、見た目の可愛らしさ以上のその美味しさに心奪われる。

ゼリーのイエ／福島

福島県いわき市小名浜寺廻町7-16
TEL 0246-54-2431
http://www.zerry-house.com

販売…通年

通販…可（自社サイト）
＊8個詰め合わせ・12個詰め合わせセット
（内容は時期によって異なる）

生フルーツゼリー

完熟パイン
いちご
クラウンメロン
オレンジ
いちじく
御殿場の水
日向夏
アメーラトマト
フルーツミックス
キウイ
ルビー

富士山麓・御殿場の水を使用した生フルーツゼリー。年間を通し40種以上が店頭に並び、連日開店直後から多くの人が訪れる。たっぷり入った果物は生産者から直接仕入れたもの、また店主自ら市場で厳選したもののみを使用。ふるふるとした食感の穏やかな甘さのゼリーが、果物本来の味を際立たせている。

生フルーツゼリー専門店 フルフール 御殿場／静岡

静岡県御殿場市東田中2-14-25
TEL 0550-82-1873
https://www.frufull.com
https://frufull.net/

販売…通年
通販…可（自社サイト）

ペタル

バニラヨーグルト
フレーズ
オレンジ
ブルーベリー

ゼリーの中で花々が可憐に咲く、花束のようなデザート。季節や開花具合によって厳選したエディブルフラワーをパティシエが丁寧に組み合わせ、ひとつとして同じものがないスイーツに仕上げた。ベースのババロアはふんわり優しい口当たり。

花のババロア havaro／東京

PARADIS小石川本店（花のババロア havaro）
東京都文京区小石川3-32-1 小石川ピアット 1F
TEL 03-3816-2290
https://www.hana-no-babaroa.com

販売…通年（PARADIS小石川本店では要事前予約。
PARADISイクスピアリ店では常時販売）

通販…不可

ブーケ

ミックスゼリー
そら
クレヨン
いちご練乳

平成30（2018）年オープンのゼリー専門店。旬の果物を使い、カラフルで見た目にも楽しいゼリーが揃う。アガーを使用し、透明度が高くなめらかな口当たり。ゼリーでデコレーションされたロールケーキ（左ページ）も人気の一品。

くるーるじゅれ／福島

福島県いわき市平作町2-8-11
TEL 090-1373-2309
https://www.instagram.com/cururuziyure/

販売…通年（ロールケーキは3日前までに要予約）
通販…不可

ロールケーキ

わくわくゼリー

大阪で半世紀以上前に果物屋として創業し、現在はフルーツを使ったスイーツを提供する洋菓子店。手土産としても評判のゼリーケーキには、オレンジやいちご、ぶどうなどその時々の旬の果物を使用。スプーンを入れるとゼリーがほろっと崩れ、大ぶりの果実が顔を出す。

ときじくのかぐのこのみ／大阪

ときじくのかぐのこのみ 土佐堀店
大阪府大阪市西区江戸堀2-6-25 土佐堀ビューハイツ1F
TEL 06-6441-0466
https://www.instagram.com/kagunokonomi_tosabori/

販売…通年
通販…不可

2
果物の器のゼリー
果物をまるごと頂くような
見た目にも可愛く美味しいゼリー。

果実ピュアゼリー

創業明治18(1885)年の老舗フルーツ専門店。こちらのゼリーは平成14(2002)年、直営工場施工にあたり新宿高野ならではの商品をと開発された。ピューレや果汁で仕立てたゼリーの美味しさはもちろん、果実型のカップが愛らしい。マスクメロンは実際の果物から型取りし、試作を重ねて出来上がった。

名称	果実ピュアゼリー
種類	アップルマンゴー、イエローマンゴー、白鳳、マスクメロン、白桃
お店	新宿高野本店	東京
情報	新宿高野本店 東京都新宿区3-26-11 TEL 03-5368-5151 https://takano.jp/takano/
販売	通年(季節によって果物の変更あり)
通販	可(自社サイト) *1個~詰め合わせセット各種あり

デラックスゼリー

両手のひらで抱えるほどの大きなフルーツゼリー。厳選した果物をそのままくり抜き、搾りたての果汁をふんだんに使用。ぷるんとした口当たりのゼリーに仕上げた。ボリュームたっぷりだが控えめな甘さでさっぱりと頂ける。

名称	デラックスゼリー
種類	グレープフルーツ、オレンジ
お店	銀座千疋屋｜東京
情報	銀座千疋屋 銀座本店フルーツショップ 東京都中央区銀座5-5-1 TEL 03-3572-0101 https://ginza-sembikiya.jp
販売	通年
通販	可（自社サイト） ＊店頭では1個から販売。通販では詰め合わせ（各3個・計6個セット）にて販売。

メロンゼリー

東京・立川で40年以上にわたり愛される洋菓子店。偶然入った製菓用品店でくり抜き器を見つけた初代が、旬の時期だったメロンを使って作ったのが始まり。メロンの品質と完熟度、ゼリーの甘さとのバランスに気を配った、清涼感ある味わい。

名称	メロンゼリー
お店	シャロン洋菓子店｜東京
情報	東京都立川市柏町4-56-10 TEL 042-535-1866 https://chalon1980.jimdofree.com
販売	6月中旬～9月初旬頃
通販	不可

果物の器のゼリー

フルーツアラモード

昔ながらの菓子を現代にリデザインして提案する和洋菓子店。こちらのフルーツアラモードは、蓋を開けた瞬間に果物の香りがふんわり広がり、ピューレたっぷりのゼリーが濃厚な味わい。本物を模した果物籠やラベルシールも愛らしく、視覚・味覚・嗅覚ともに楽しめる。

名称	フルーツアラモード
種類	マスクメロン、フジりんご、山形ラ・フランス、愛媛伊予柑、清水白桃
お店	京寿楽庵｜京都
情報	京寿楽庵 東日本販売事業部 東京都港区芝 3-17-12 TEL 03-5730-2122 http://kyojyurakuan.co.jp
時期	3月初旬～8月上旬頃
通販	可（Yahoo!ショッピング）

3 東京、喫茶店のゼリー

老舗喫茶店で、あの名物メニューと一緒に食べたいゼリー。

珈琲ハウス　赤茄子（とまと）

新小岩　　TOKYO

活気ある下町商店街の老舗喫茶店でレトロ可愛いフルーツゼリーを

　JR新小岩駅南口からすぐ、全長420mにも及ぶルミエール商店街の一角に店を構える喫茶店。かつて銀座・ソニービルに入るイタリア料理店で腕を振るった高橋秀博さんが、昭和59（1984）年に始めた店だ。品書きには人気のオムライスをはじめナポリタンにハンバーグ、ピラフ、さらにパフェやおしるこ、あべかわ餅まで、子どももお年寄りも大好きなメニューが並んでいる。誰でも気軽に入れる店にしたかったという高橋さんの思いが詰まった、まさに〝下町の喫茶店〟。奥さんとともに店を手伝う娘さん手作りのトマト型のポップが店の雰囲気をさらに親しみやすくしている。

　1日7つ限定の自家製ババロアが名物だが、同じく自家製のコーヒーゼリーとフルーツゼリー（次ページ）も創業以来の人気デザート。甘みをおさえたコーヒーゼリーはさっぱりした味わいで、男性がよく注文するというのも頷ける。フルーツゼリーは、赤（いちご）と緑（メロン）の2種。色鮮やかなゼリーの上に生クリーム、果物がトッピングされた愛らしいルックスに、客から歓声が上がる。味はもちろん、ゼラチンのプルプルとした食感も楽しい。

　毎年12月が近づくと、店の前にクリスマスツリーを飾るのが恒例。近所の子ども達がそれを目当てに遊びに来ると笑顔で語る店主の人柄も含め、また来たいと思わせるチャーミングな店だ。

メニューも内装も、創業以来変わらない。何十年も通い続ける常連がたくさんいるそう。

珈琲ハウス 赤茄子
東京都江戸川区松島3-14-8 TEL 03-3651-1007
営…8時30分～20時（事前に店へ要確認）　定休…月曜

ノスタルジーを感じさせる、赤茄子自慢のデザートたち（フルーツゼリー赤・緑、クリームソーダ、ババロア）。クリームソーダの氷は、手動式のクラッシャーで砕いたもの。キューブ氷とは冷え方が違うそうだ。ババロアは、まるで赤ちゃんのほっぺのようなフワフワした口当たり。

ロージナ茶房

TOKYO

国立

学生街・国立の老舗カフェギャラリーで変わらぬ味のフルーツゼリー

画家でもあった創業者が、中央線国立駅近くにロージナ茶房を開業したのは昭和28（1953）年のこと。ロージナ（ロシア語で故郷）の名の通り、以来長年にわたり地元の人や学生たちが心地良く集える空間を提供してきた。

カレーにスパゲッティ、ピザなど、食事メニューは学生たちのお腹を満たすようにどれもボリュームたっぷり。海外を多く旅したという創業者が現地で教わったり、近くの米軍基地のシェフから習った味だが、それぞれオリジナルのアレンジを加えており何度食べても飽きることがないと評判だ。

そんなロージナ茶房で、最も古いデザートメニューがフルーツゼリー。ベースとなるゼリーの味は、日替わりでライム、グレープ、グレナデン（ザクロ）の3種。ミルクゼリーやみかん、パイナップルを入れて、ゼラチンで固めて仕上げている。

口に入れると意外な酸味に驚くが、ゼリー液にクエン酸を加えているからだという。夏の暑い日などは、そのすっきりした味が舌に心地良いだろう。上に乗った生クリームは乳脂肪分の高いものを使用しているそうで、コクのある風味が爽やかなゼリーと絶妙なバランスを生んでいる。

缶詰の果物を使用するのは、メニュー誕生当初から。その昔、生の果物が高価だったためだが、変わらぬ懐かしい味と、子どもの頃から通う常連客にも喜ばれている。

ロージナ茶房
東京都国立市中1-9-42
TEL 042-575-4074
営…11時～20時（事前に店へ要確認）
定休…元日、1月2日

（右上）スパイスの効いたロージナ名物「ザイカレー」。"ザイ"とは、創業者がインドでこのメニューを教わったとき、現地の人の発音がそう聞こえたのが由来。（右中・下）壁のあちこちにかかる絵は、常連だった芸術家たちが"お代"として贈ったものという逸話も。

この日のフルーツゼリーはライム。
パフェグラスのような大きめの器
に盛られ、食べ応え十分だ。

ラドリオ

TOKYO　　神保町

創業70年を超える老舗喫茶店のコーヒーゼリーは長い歴史の中で生まれた新しい味

昭和から続く喫茶店が多く残る神保町のなかでも、ひときわ古い歴史を誇るのがラドリオだ。創業は昭和24（1949）年。ラドリオとはスペイン語でレンガを意味し、その名の通りレンガ造りの建物と看板が、昔と変わらぬ様相で路地裏に佇んでいる。

ラドリオは、ウィンナーコーヒー発祥の店としても知られる。初めて店を訪れる人のほとんどが注文するという、店の代名詞的メニューだ。開業間もない頃、他の店にはないオリジナルメニューをと考えた当時の店主が、常連だった大学教授から「ウィーンではコーヒーの上に何か白いものを乗せていた」と教わったのがその始まり。近くにあった洋菓子店の商品をヒントに、生クリームをたっぷり浮かべたあのスタイルを考え出したそうだ。

そんなふうに古くから続くものもあれば、新しく生まれたものもある。評判のナポリタンやカレーは、その時々に勤めていた従業員が作り出した味だ。「先代の頃は日替わりランチもあったんですよ」と、現店長の篠崎麻衣子さん。近年人気のクリームソーダは、その篠崎さんのアイデアで加わったメニューだ。10数年前から提供されているコーヒーゼリーも〝新顔〟のひとつ。ブランデーが香る分厚い生クリームの層の下に、苦味を生かしたゼリーがたっぷり。ぜひウィンナーコーヒーと一緒に頂きたい。

ラドリオ
東京都千代田区神田神保町1-3
TEL 03-3295-4788
営…平日11時45分～22時30分、
　土曜・日曜12時～19時(事前に店へ要確認)
定休…祝日、年末年始

(左下) ボリュームたっぷりの特製ナポリタンは少し硬めの麺がポイント。ブラックペッパーがピリッと効いて美味しい。

メニューに「ラドリオ特製」の文字が添えられたコーヒーゼリー。クリームだけでも食べ応えがある。

喫茶ＹＯＵ

TOKYO

東銀座

歌舞伎役者たちもお気に入りの名店で、名物オムライスと一緒に食べたいレモンゼリー

喫茶ＹＯＵと言えばオムライス。生クリームをたっぷり使った卵のふわふわとした口当たりは、一度食べたら忘れられない、誰もが虜になる逸品だ。

創業は昭和45（１９７０）年。以前は歌舞伎座と同じ晴海通り沿いに店を構えていたが、平成22（２０１０）年の歌舞伎座建て替え開始と時を同じくして近くの木挽町通りに移転。変わらぬ格子ガラスの扉が懐かしい純喫茶の雰囲気を残している。

開業以来、多くの歌舞伎役者に贔屓にされてきたが、その理由は立地だけにあらず。前述のオムライスをはじめ手作りトマトソースのナポリタンや、自家製マヨネーズを塗ったオムレツサンド、野菜カレーなど、食に精通した役者たちも太鼓判を押す確かな味が愛されてきた。

レモンゼリーは、そんな喫茶ＹＯＵの中でも隠れファンが多い一品。当初は白玉蜜豆や紅茶ゼリーなど色々と作っていたそうだが、現在はこのレモンゼリーとコーヒーゼリーが、ケーキやフラッペ（かき氷）とともに甘味メニューとして残っている。

フレッシュなレモンを搾ったゼリー液をゼラチンで固めた、ぷるんと弾力のある食感。レモンの程良い酸味とバニラアイスの甘味のバランスが絶妙だ。ドリンク（コーヒー・紅茶）と一緒に頼めばお得になるセットも嬉しい。

平日休日問わず、店の前には看板メニューのオムライスを求めて客が行列を作る。何度も訪れるリピーターも多い。

喫茶YOU
東京都中央区銀座4-13-17高野ビル1・2階
TEL 03-6226-0482
営…11時～16時30分 ＊16時L.O.（事前に店へ要確認）
定休…年末年始

レモンゼリーは十数年前から提供しているメニュー。砂糖の代わりに蜂蜜を使用しており、酸味の中にコクのある甘さが感じられる。

コーヒーの大学院 ルミエール・ド・パリ

店内手前は一般席（下）。奥には「オーキット」と名付けられた特別室が設置されている（上）。特別室はより一層きらびやかな内装で、王冠が描かれた照明や壁一面のモザイクアート、テーブルは大理石というこだわり。

メニューやインテリア、すべてが特別な喫茶店で頂くワインゼリー

昭和49（1974）年から横浜・関内で営業を続ける「コーヒーの大学院 ルミエール・ド・パリ」は、その名も店の佇まいも唯一無二の老舗コーヒー店だ。扉の前には中世ヨーロッパを思わせる騎士の鎧像。店内に一歩足を踏み入れると赤い絨毯にシャンデリアという、どこまでも華やかなしつらえに目を奪われる。

「ただ華美にしようということではなく、お客様に心豊かな時間を過ごして欲しいと創業者が考え抜いた空間なのです」と、現在店の責任者を務める方は教えてくれる。店名に最高学府である「大学院」を冠したのも、香り高い一杯のコーヒーを吟味して提供するという理念から。芳醇な味を出すため、コーヒーの豆は通常の2倍もの量を使用しているそうだ。

開業当初から変わらず提供される「スペシャルワインゼリー」も、創業者の精神をかたちにしたメニューのひとつ。白ワインを使った上品なゼリーにブランデーを注いで完成する、贅沢なデザートだ。「パフェ ルミエール」にも、同じく白ワインのゼリーを使用。王冠をイメージさせるエレガントなグラスはパフェ用としては珍しい高さだが、メニューを考案した従業員が「創業者の想いを象徴するようなものを」と選んだという。

創業時から変わらぬ心配りの行き届いた空間で、ゆっくりと満たされた時間を楽しみたい。

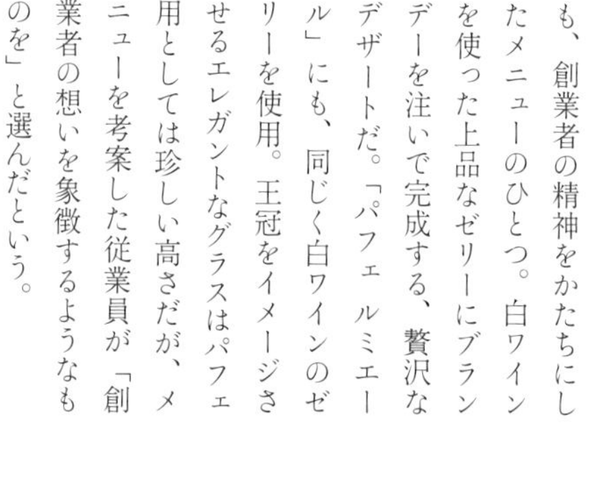

コーヒーの大学院 ルミエール・ド・パリ
神奈川県横浜市中区相生町1-18
TEL 045-641-7750
営…平日9時30分～19時、
土曜・祝日10時30分～19時（事前に店へ要確認）
定休…日曜

「パフェ ルミエール」には、白ワインゼリーの上にオレンジソースの掛かったバニラアイスが。

「スペシャルワインゼリー ブランデー添え」。プルプルとした白ワインのカットゼリーに、お店の方がブランデーを注いでくれる。食べたあとに美味しい余韻が残る。

4 果物屋さん&フルーツパーラーのゼリー

果物もゼリーも主役。

フレッシュでみずみずしいゼリー。

chiseya

3種のぶどうゼリー、フルーツたっぷりゼリー、マスクメロンゼリー、いちごとシャインマスカットゼリー　フルーツショップ千歳屋／和歌山

和歌山市郊外にある、地元で人気の果物店。店頭にはフルーツサンドにジュース、タルトやオムレットなどのスイーツ、総菜も並ぶ。季節の果物を使ったゼリーは、コンポートタイプやソーダ味などバリエーション豊か。どれも果肉たっぷりで、まさに〝果物を食べるためのゼリー〟。

フルーツショップ千歳屋（ちせや）／和歌山県和歌山市神前385-9 TEL 073-472-4147 http://chiseya.com
販売…通年（季節によって果物の変更あり）通販…不可

大正13（1924）年、当時高級品だったバナナを扱う問屋として福島・郡山に創業した青木商店。そのフルーツタルトブランド「フルーツピークス」が作る〝パニエ〟には、色とりどりの季節の果物がたっぷりと使われている。ゼリーは果物の甘味や酸味を引き立てるさっぱりした味。

温州みかんとシャインマスカットのパニエ、フルーツプリン、フルーツピークスのパニエ　fruits peaks ／ 福島

fruits peaks

fruits peaks本店／福島県郡山市八山田5-405　TEL 024-932-0251　https://fruitspeaks.jp
販売…通年（季節によって販売メニューに変更あり）通販…不可　＊福島・宮城・茨城・埼玉・東京に店舗あり

nishimura

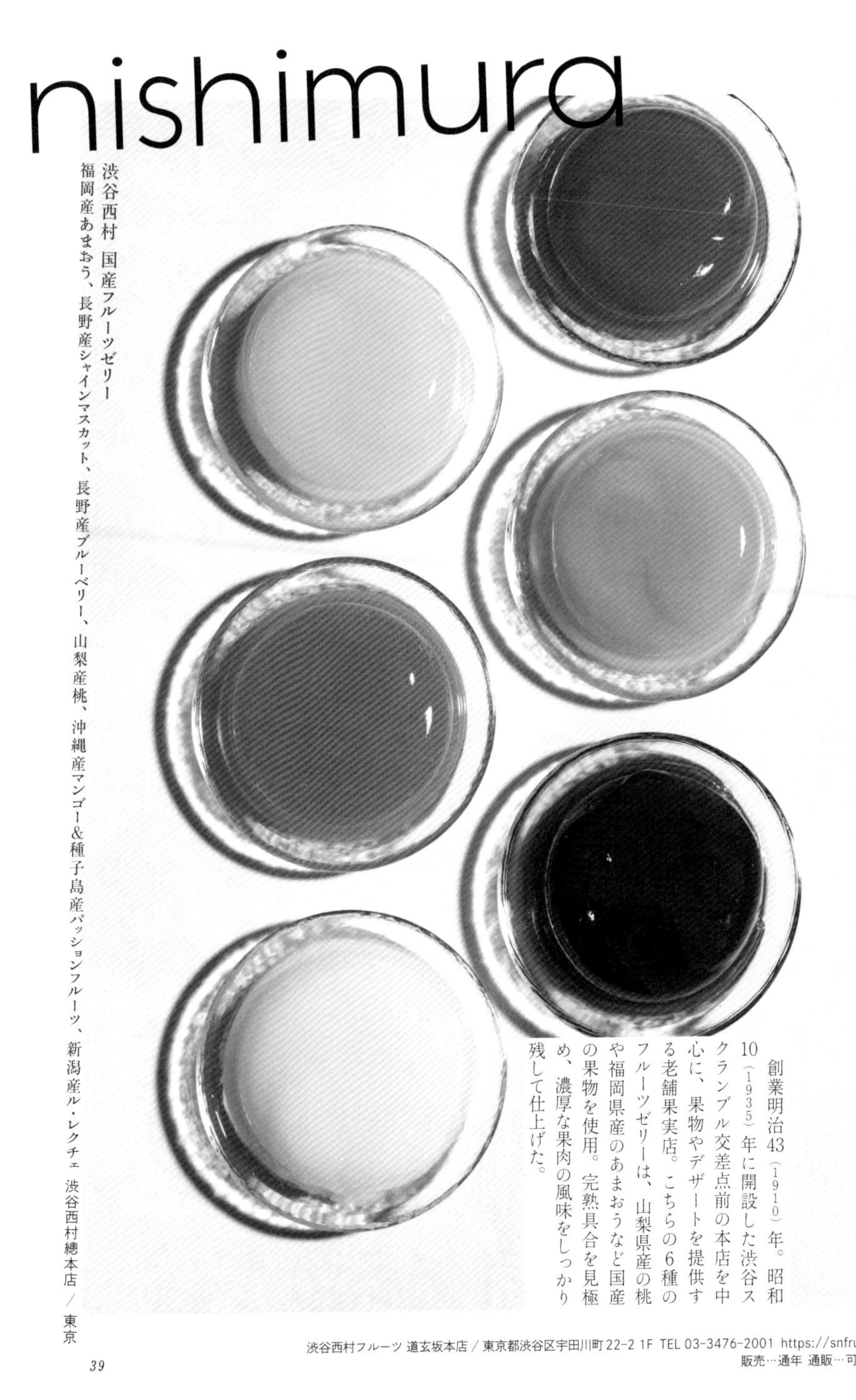

渋谷西村 国産フルーツゼリー

福岡産あまおう、長野産シャインマスカット、長野産ブルーベリー、山梨産桃、沖縄産マンゴー&種子島産パッションフルーツ、新潟産ル・レクチェ 渋谷西村總本店/東京

創業明治43（1910）年。昭和10（1935）年に開設した渋谷スクランブル交差点前の本店を中心に、果物やデザートを提供する老舗果実店。こちらの6種のフルーツゼリーは、山梨県産の桃や福岡県産のあまおうなど国産の果物を使用。完熟具合を見極め、濃厚な果肉の風味をしっかり残して仕上げた。

渋谷西村フルーツ 道玄坂本店/東京都渋谷区宇田川町22-2 1F TEL 03-3476-2001 https://snfruits.com/
販売…通年 通販…可（楽天市場）

sembikiya sohonten

天保5（1834）年、現在の東京・日本橋に創業した千疋屋総本店。以来、日本の高級果物店の代名詞となった同店が作るコンポートゼリーは、瓶の中に大粒の果物がぎっしり詰まった逸品。クラッシュ感のある穏やかな甘さのゼリーと、濃厚できめ細かな舌触りの果肉が良く合う。

収穫の恵み プレミアムジェリー
黄金桃、ピオーネ、清水白桃 千疋屋総本店／東京

千疋屋総本店 日本橋本店／東京都中央区日本橋室町2-1-2 日本橋三井タワー1階 TEL 03-3241-0877 https://www.sembikiya.co.jp
販売…通年 通販…可（自社サイト、楽天市場、PayPayモール）

フルーツゼリー　フランシア アオキ屋／兵庫

神戸・阪急御影駅近く、地元で愛されるフルーツショップのゼリーは、毎日昼近くには売り切れるという人気の品。ふるふると柔らかいゼリーの中に、生のカットフルーツが10種類近く入っている。店頭では、同じく旬の果物をふんだんに使ったロールケーキやパフェも評判。

francia aokiya

フランシア アオキ屋／兵庫県神戸市東灘区御影2-2-1 TEL 078-841-0302
販売…通年（季節によって果物の変更あり）通販…不可

プレミアム フルーツ in ゼリー
紅まどんな、マンゴー、シャインマスカット、マスクメロン、柿（天下富舞）
石井果実店／岐阜

新鮮な果物はもちろん、かき氷やドライフルーツ、ジャムなど自家製の加工品・スイーツを求めて県外からも客が訪れる人気果物店。店頭に常時20種以上並ぶゼリーも店で手作りされている。大きめにカットされた果物が惜しみなく詰め込まれ、ゼリーは柔らかくとろけるような口当たり。

ishii kajitsu ten

石井果実店／岐阜県岐阜市芥見1-279 TEL 058-243-1416 http://fruit-ishii.jp
販売…通年（季節によって果物の変更あり） 通販…可（電話にて問い合わせ）＊上写真は発送タイプの商品。店頭販売タイプもあり。

lemon ya

グレープフルーツゼリー、オレンジゼリー
フルーツパーラー檸檬屋／愛知

昭和44（1969）年オープン。名古屋の本格的フルーツパーラーが作るグレープフルーツとオレンジのゼリーは、果物が持つほのかな酸味が生きた爽やかな味わいで、プルプルとした食感も特徴。イートインコーナーでは、見た目にも可愛らしいフルーツサンドやパンケーキも人気だそう。

フルーツパーラー檸檬屋／愛知県名古屋市中区大須3-5-1 大須鈴木ビル1F TEL 052-261-6222 https://e-lemon.jp
販売…通年 通販…可（電話にて問い合わせ）

フルーツゼリー
パイナップル、苺、紅茶、キウイ、フルーツポンチ、メロン、オレンジ　山口果物／大阪

fruitgarden

大正末期に和歌山の柿農家から始まり、のちに大阪で果物屋として3代続く老舗。その名物にもなっている手作りゼリーは、食べ応え十分の大きめサイズ。果物を漬け込んだ自家製シロップを、海藻と植物由来のゼリー粉を使ってとろりとした食感に仕上げている。中に入る果物も全国の産地からゼリーのために厳選したという、こだわりのデザート。

FRUIT GARDEN 山口果物 上本町本店 / 大阪府大阪市中央区上本町西2-1-9 宏栄ビル1F TEL 06-6191-6450 https://www.fruit-garden.net
販売…通年 通販…可(自社サイト) ＊フルーツポンチゼリーと定番・季節のゼリーの詰め合わせセットあり

生フルーツゼリー
柿、マスクメロン、いちご、洋梨、マンゴー、キウイ、シャインマスカット、
ミックス（パイン・柿・グレープフルーツ・洋梨・ぶどう・メロン）
sun fleur ／ 東京

sun fleur

sun fleur（サンフルール）／東京都中野区鷺宮3-1-16 TEL 03-3337-0351 http://fruitacademy.jp/sun-flour/index.html
販売…通年（季節によって果物の変更あり） 通販…不可

フルーツカッティングやカービングのプロとして多くの著書を持ち、講演会も行うオーナーが作る生フルーツゼリー。保存料やアルコール不使用。果物の種類(糖度)によってゼリーの甘さを調整し、さらに同じ果物でもゼリーの中に入る位置によってサイズや切り方を使い分けているという手間のかかった品。口に入れるたびに違った食感が味わえる。

JELLY BOOK
Delicious COLUMN vol.01

スーパーマーケットのゼリー

近年オリジナルデザートが増えているスーパーのなかでも、ゼリーが大充実している紀ノ国屋。
その種類や開発秘話を伺った。ゼリーを求めて、いざ紀ノ国屋へ！

開発に数ヶ月かける オリジナルデザート

高品質な食材を扱うスーパー・紀ノ国屋は明治43（1910）年、東京・青山に果物商として創業。昭和28（1953）年に、客が自ら商品を選びレジで精算するスタイルを日本で初めて導入したことでも知られる。自家製商品の製造・販売を始めたのも早く、昭和31（1956）年に店内でパンを焼き上げるインストアベーカリーを開設。パンやデザート、グロッサリー、菓子など現在800種類以上のプライベートブランド商品が販売されているそうだ。

そんな紀ノ国屋が近年力を入れているのがゼリーやプリンなど季節のオリジナルデザート（下写真）。およそ1ヶ月サイクルで商品が入れ替わり、2020年度は11種が販売された。

青果店発祥の店ならではの素材選び

季節限定商品のほか、年間を通して販売される定番ゼリーも多くある。約6年前から店頭に並ぶ「珈琲ゼリー」は、ネルドリップ製法で抽出した紀ノ国屋オリジナルアイスコーヒーを使ったデザート。まろやかな口当たりだが苦味もしっかりと感じられる。

サイズ違いも入れると13種もあるという定番のフルーツゼリーは、果物王国・岡山県産のものを中心に厳選して使用。透き通ったゼリーの中に大きめの果肉がごろりと浮かぶ姿も美しく、ギフトとしても人気だそうだ。

2020年に発売された季節限定ゼリーいろいろ。「爽やかライムとジャスミンのゼリー」（右）は流行のジャスミン茶からイメージ。甘さは控えめで、ライムのスッとする爽やかな味わいが暑い夏に食べやすい。最近では抹茶より女性人気が高いというほうじ茶を使った「ほうじ茶ミルクティーゼリー」（中）は、ゼリーとミルクの層の味のバランスが絶妙。「カシスオレンジゼリー」（左）は、商品の発売時期に合わせた秋らしい色使いが目にも美味しい。　＊2021年度の発売は未定。

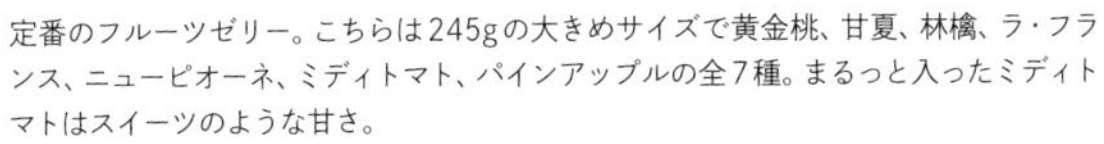
定番のフルーツゼリー。こちらは245gの大きめサイズで黄金桃、甘夏、林檎、ラ・フランス、ニューピオーネ、ミディトマト、パインアップルの全7種。まるっと入ったミディトマトはスイーツのような甘さ。

ブランデーを含んだ「珈琲ゼリー」は苦味とほのかな甘みがちょうど良い。季節のゼリーなどとともに、東京・三鷹の自社工場で作られる。

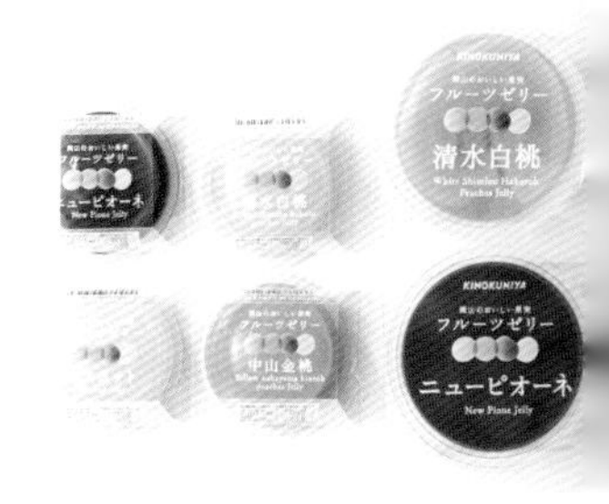

左のタイプより少し小さめのフルーツゼリー。

紀ノ国屋 / 東京都港区北青山3-11-7 Aoビル地下1階 TEL 03-3409-1231

5 家で味わう、あの街のゼリー

お取り寄せできるものを中心に
各地の味をご紹介。

本章で紹介した店・メーカーの連絡先は巻末(p126–127)に掲載しています。

フルーツゼリー　オレンジ、黒ぶどう、小夏

こぼれ梅　水ごよみ　十勝野　夏見舞

六花亭製菓／北海道

北海道の街に根ざし、親しまれる六花亭の夏の味。「こぼれ梅」は、梅とほのかなブランデーの香りがさっぱりとした風味。十勝産の小豆を使用した「水ごよみ」、青えんどうのつぶ餡の「十勝野」の2種の水羊羹も季節限定。「夏見舞」(写真左)は、砂糖をまぶし乾燥させた梅ゼリー。

販売…6月〜8月頃

通販…可(自社サイト)

＊フルーツゼリー(3種)・こぼれ梅・水ごよみ・十勝野の箱入りセット「六花彩」もあり(上写真)。

アップルジュエル
カシスジュエル
巨峰ジュエル

上ボシ武内製飴所 / 青森

創業160年を超える津軽飴の老舗が作る玉ゼリー。すべて無着色で、青森県産のりんご・カシスのペーストと、山梨県産の巨峰の果汁を使用。つまようじでプチっと突くと、香りがぱっと広がる。弾力があってさっぱりした味。

販売…通年
通販…可(楽天市場、Amazon、Yahoo!ショッピング)

エーデルワインゼリー
赤、ロゼ

髙鉱菓子舗 / 岩手

岩手県有数のぶどうとワインの産地・花巻市大迫町で、明治中期から営まれる和洋菓子の店。地元のワイン100%で作ったゼリーは、ぷるんとした食感。アルコール分を抜いてあるため、子どもにも楽しめる。

販売…通年
通販…可(電話・FAX)

純米吟醸 酒ゼリー

九重本舗玉澤／宮城

延宝3(1675)年、仙台藩主に召し寄せられ開業した老舗和菓子店。こちらは、とろんとした口当たりの香り豊かな酒ゼリー。原料となる純米吟醸「於茂多加」の蔵元は、江戸時代に塩竈神社の神酒御用酒屋として創業した阿部勘酒造店。老舗同士の協働で実現した味。

販売…6月中旬〜8月頃
通販…可(自社サイト)

琥珀物語

九重本舗玉澤／宮城

夏季限定の琥珀糖はレモン、いちご、ミント、青梅、ぶどうの5種の味。寒天と砂糖をじっくり煮詰めて冷やし固めた、素朴な甘さが生きる。冷んやりと見た目にも涼しげ。

販売…5月中旬〜8月頃
通販…可(自社サイト)

三つの幸せ

九重本舗玉澤／宮城

ゼリーの中にほんのり浮かぶ“三つの幸せ”。白生餡に包まれた桃とりんご、いちごの果実餡の彩りが美しい。口に運べば、三度笑顔が訪れる。

販売…5月中旬〜8月頃
通販…可(自社サイト)

＊このページで紹介した商品の2021年度以降の販売については店舗HPにてご確認下さい。

山形旬香菓 さくらんぼ ラ・フランス

杵屋本店／山形

創業210年、県内で広く知られる老舗和菓子店。開発に3年をかけたゼリーは「地元産の果物の美味しさを引き出す」がコンセプト。そのためゼリーは果肉に絡まる程度の柔らかさに仕上げてあり、非常になめらか。大粒の果肉も食べ応え十分。

販売…通年
通販…可（自社サイト）

みすゞぶどうの生ゼリー(左)
みすゞりんごの生ゼリー(右)

みすゞ飴本舗　飯島商店／長野

みすゞ飴で有名な信濃の名店は、穀物商から始まり、のちに水飴製造を開始。現在は国産果物を使った四季のジャムやゼリーなども扱う。こちらの生ゼリーは、地元産のぶどう・りんごの果汁に白双糖を加えて煮詰め、糸寒天で固めたシンプルな味。歯切れがよく、さっぱりした口当たり。

販売…通年(ぶどう)、10月中旬〜6月上旬(りんご)
通販…可(自社サイト)
＊桃(季節限定)・杏もあり。

カラフルボール
グリーンストライプ
ホワイトリボン
パールフラワー

たかはたファーム／山形

果肉やゼリー、チーズケーキなどが何層にも重なったミックスゼリーシリーズ。写真右奥の「カラフルボール」はその最新作で、ボール状にくり抜かれた5種の果実と2種のゼリーが散りばめられた楽しいデザイン。彩りの美しい配置になるよう、充填技術を極めて開発されたそう。

販売…通年
通販…可（自社サイト）

オレンジ＆チーズケーキ

たかはたファーム／山形

たかはたファームのジャム、フルーツソース、ジュースなどの中でも特に人気なのが、この大きめサイズのパーティーデザートシリーズ。写真の「オレンジ＆チーズケーキ」は、オレンジスライスが花形に並んだゼリーの下にチーズケーキ。さらに、サバランをイメージして洋酒をしみ込ませたスポンジケーキが入ったゼリーを重ねた三層デザート。

販売…通年
通販…可（自社サイト）

プチジェリチェリー

サエグサファクトリー／山形

完熟さくらんぼの味を一年中楽しんでもらいたいと誕生したフルーツデザート。肉厚の実から丁寧に種を取り除き、ゆっくり蜜煮して丸いゼリーで包み込んだ。ピンク色のシャーベット状（冷凍）から徐々にルビーレッド色へと変化し、完全に溶けると宝石のような瑞々しい姿に。それぞれの状態で違った食感が味わえる。

販売…通年
通販…可（楽天市場）

メロン農家が作ったメロンゼリー

FARM PATISSERIE LE FUKASAKU／茨城

メロン生産量日本一の茨城県鉾田市で100年続く農園直営のスイーツショップ。糖度の高いメロンのピューレに加え、果汁を20％使用。果実をそのまま食べているようなジューシーで品のある味に仕上がっている。

販売…通年
通販…可（自社サイト）

MASAKOのゼリー　ハート＆ハート

ラ・メゾン・デュ・マサコ／栃木

本業は、明治30（1897）年創業の硝子食器卸店。10年ほど前、4代目が手土産用にと作り始めたパート・ド・フリュイが瞬く間に評判となり、販売を始めた。天然果汁を使ったフレーバーの種類は、カシス・フランボワーズ・レモンなど30種超。旬の果物を選び、無着色・無香料にこだわって自然な彩りと香りを生み出している。

販売…通年
通販…可（自社サイト・電話）

生フルーツゼリー

グレープフルーツ、オレンジ、りんご、キウイ

八百正 吉田商店 / 群馬

地元で100年近い歴史を持つ青果店が作るゼリー。現在の4代目が自身の幼少の頃の思い出の寒天ゼリーを懐かしみ、考案。店で売られる旬の果物を使って果汁100%で作る。たっぷりの量だが、とろけるような食感でさっぱりと食べられる。

販売…通年

通販…可（電話かFAXで事前予約。常時通販可能な冷凍ゼリーもあり）

ライチ
LYCHEE
グレープフルーツ
GRAPE FRUIT
青りんご
GREEN APPLE
甘夏みかん
SWEET SUMMER ORANGE
メロンソーダ
MELON SODA
ワイン
WINE
梅

果樹園ゼリー詰め合わせ

グレープフルーツ、ピンクグァバ、マンゴー、メロンソーダ
ライチ、甘夏、いちご、梅、青りんご、ワイン（ぶどう）

ロンシャン洋菓子店 ／ 栃木

宇都宮で昭和から愛されるケーキ店の夏限定ゼリー。10種のロマンチックな色合いも可愛い。ふるふるとした柔らかい口どけで、果物そのものを食べているような濃厚な味。冷やしてシャーベット状にしても美味しい。

販売…6月～8月頃
通販…可（Amazon）

彩果の宝石
フルーツゼリーコレクション

彩果の宝石（トミゼンフーヅ）／埼玉

戦後、製菓材料の卸売として創業。平成5（1993）年から販売開始したフルーツゼリーは、いまや手土産品の定番に。国産果物の果汁と果肉を使用し、フルーツをかたどった姿が愛らしい。

販売…通年
通販…可（自社サイト）

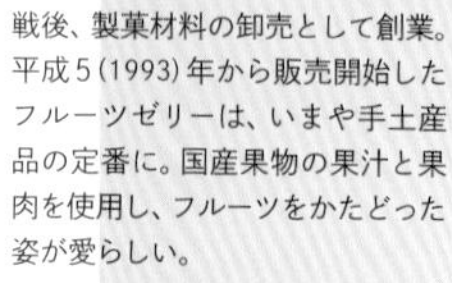

彩果の宝石
フラワーゼリーコレクション

彩果の宝石（トミゼンフーヅ）／埼玉

可憐な花のデザインのゼリー。フレーバーはいちご・ぶどう・りんご・オレンジ・レモン・ラ フランスの6種。フルーツゼリー同様、柑橘類の果皮から抽出したペクチンを使い弾力ある食感に仕上げた。

販売…通年
通販…可（自社サイト）

秩父ワインゼリー

八幡屋本店／埼玉

発売されたのは40年以上も前という、ワインゼリーの先駆け。作るのは明治35（1902）年創業の和菓子店で、地元・秩父にちなんだ菓子が名物。こちらのゼリーも秩父の源作印ワインをたっぷり使用しており、口に入れると甘さのあとにワインの風味がふんわり広がる。

販売…通年
通販…可（自社サイト）

飲むフルーツゼリー
夏みかん、シャインマスカット、すもも
白桃、ラ フランス、マンゴー

京橋千疋屋 / 東京

大分県産の夏みかんや長野県産のシャインマスカットなど、国産フルーツにこだわって作られたゼリーは、甘さ控えめでさっぱり涼やかな味。喉越しが良くドリンクとしても楽しめる。
販売…通年
通販…可(自社サイト)

ご自宅用フルーツゼリー

京橋千疋屋 / 東京

パイナップルにぶどう、いちご、キウイ、マンゴーなど季節のフルーツが7種も入った手作りゼリーは、老舗の果物専門店ならではの贅沢な味。公式オンラインストアのみの限定商品。
販売…通年
通販…可(自社サイト)

ビューティープリンセス

ピーチwithローズ、マンゴーwithアロエ

資生堂パーラー／東京

スタイリッシュなパッケージが印象的な、ドリンクタイプのジュレ。コラーゲンペプチドやヒアルロン酸が配合されており、「ビューティープリンセス」の名にふさわしい。マンゴー味にはアロエが、ピーチ味にはローズの花エキスがプラスされリラックスできる優しい味わい。

販売…通年

通販…可（自社サイト）＊7本セット

ドゥーブル・ジュレ

甘夏、もも、キウイ、ブルーベリー
ニューピオーネ、ゆず、あまおう

メサージュ・ド・ローズ ／ 東京

ブランドの象徴でもある薔薇のチョコレートが水中花のように美しく咲くデザート。開発に2年をかけ誕生した。果汁ゼリーとピューレ入りクリームゼリーの2層仕立てで、オリジナルブレンドのチョコレートとともに芳醇な味わいを生み出している。

販売…4月〜9月頃
通販…可（自社サイト）

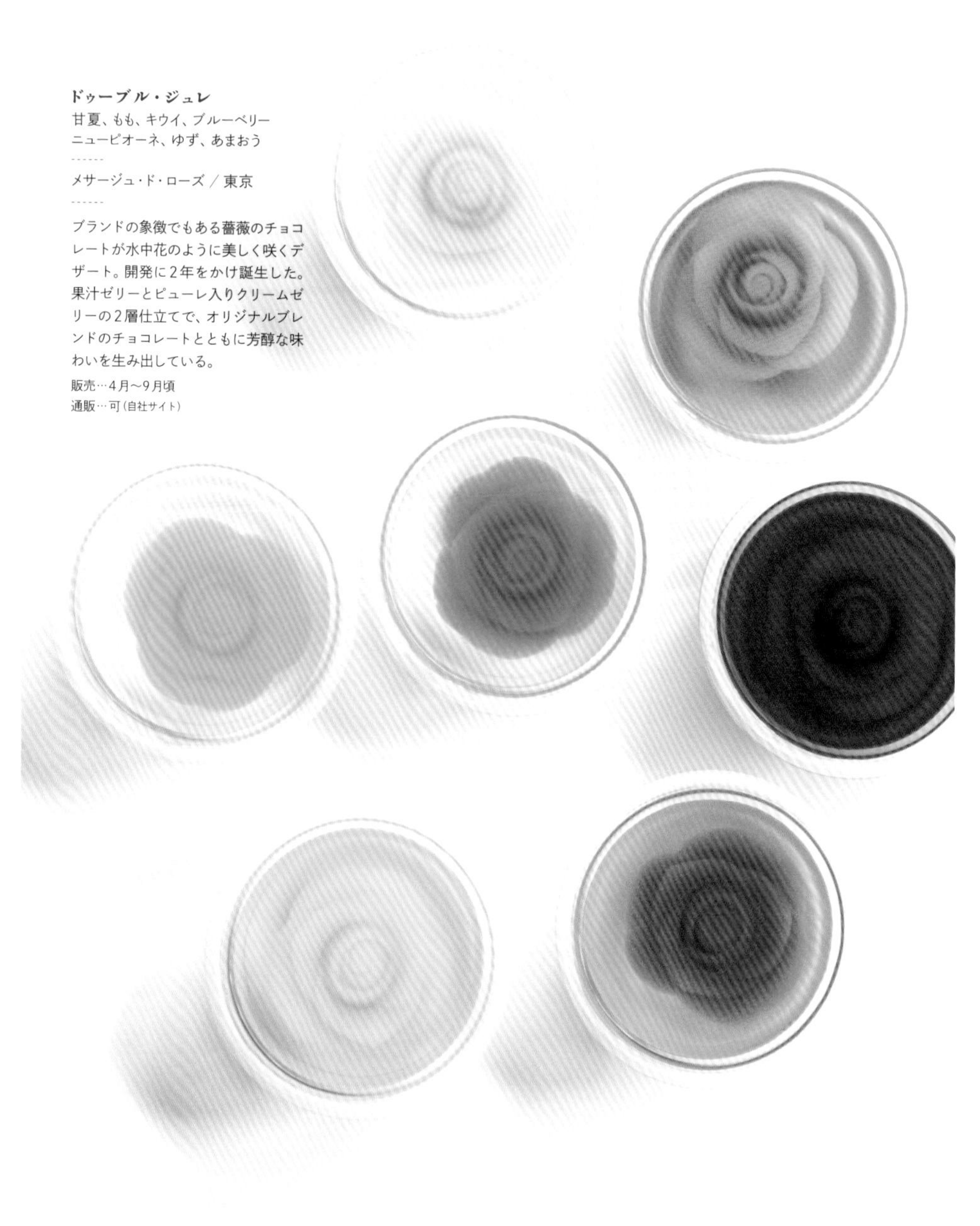

薔薇ゼリー

シャンティ洋菓子店 / 埼玉

薔薇の町・埼玉県伊奈町で地元の人に愛される洋菓子店。初夏には薔薇のかたちのマドレーヌやサブレ、ローズヒップジャムなど薔薇づくしの菓子が並ぶ。こちらのゼリーは薔薇の花びら入り。薔薇シロップの濃厚な味に、レモン果汁とラズベリーピューレの甘酸っぱさがよく合う。

販売…5月〜9月頃
通販…可（電話・FAX）

八百屋のフルーツポンチ

フルーツミックス
あまおう＆シャインマスカット

Chef's Marche／東京

平成30（2018）年オープン。スタッフ全員が料理人や管理栄養士という八百屋が作るフルーツポンチ。色とりどりの旬の果物が柔らかなゼリーに包まれている。人工甘味料不使用で、作り置きせず注文が入ってから一つずつ手作りするというこだわり。

販売…通年（季節によって果物の変更あり）
＊姉妹店 Rainbowl でも販売

通販…可（自社サイト）

果実ゼリー詰合せ
白桃、パイン、甘夏、洋梨
温州みかん、三種果実

銀座千疋屋／東京

明治27(1894)年に創業し、大正2(1913)年には国内初と言われるフルーツパーラーを開業した老舗。ボリュームたっぷり、大きな果実がふんだんに入ったこちらの贅沢なゼリーは、風味豊かでどこか懐かしくもある味。

販売…通年
通販…可(自社サイト、楽天市場)

中煎り クラッシュドコーヒーゼリー

猿田彦珈琲／東京

スペシャルティコーヒー専門店のコーヒーゼリー。店舗で取り扱うものと同じ高品質なコーヒー豆を丁寧に焙煎して使用しており、甘味と苦味のバランスが絶妙。柔らかめのクラッシュドタイプで、アイスにかけたりドリンクに混ぜても美味しい。

販売…5月〜11月頃
通販…可（自社サイト）

さわや香 珈琲ゼリー

さわやこおふぃ ／ 東京

昭和8（1933）年から続く、東京・高円寺のコーヒー豆専門店。そのオリジナルブレンドのリキッドコーヒーをそのまま使ったゼリーは、「スタッフのおやつに」と店主が手作りしたのが始まり。程良い苦味が特徴で、寒天を使うことで歯切れよく仕上がっている。

販売…通年
通販…可（自社サイト）

レモンゼリー

レモンドロップ本店 ／ 東京

東京・吉祥寺で40年以上にわたり愛される洋菓子店。オープンまもなく「国産レモンを使ったゼリーを」と開発されたこちらのゼリーは、名物のチーズケーキと並ぶ人気商品。瀬戸内レモンの爽やかな酸味が効いた味で、小ぶりのサイズがちょうど良い。

販売…通年
通販…可（自社サイト）＊6個セット

手作りフルーツ生ゼリー

いちごババロア、メロンババロア、ミックスババロア
オレンジババロア、無花果ゼリー、ブルーベリーババロア

ヤオカネ／愛知

大正時代から続く果物専門店。店舗のイートインスペースでは、果物をふんだんに使ったパフェやフレッシュジュースが評判。この取り寄せできる手作りゼリーには、生の果物を使用。ふんわり軽く、後味も良いババロアが入ったタイプが特に人気。

販売…通年（季節によって果物の変更あり）
通販…可（自社サイト）

果実入クラウン マスクメロンゼリー

メロー静岡袋井本店 / 静岡

高度な栽培技術で育てられ、「1000個に1つ」という品質基準を持つ最高級の静岡県産クラウンメロン。その専門店が作るゼリーは、一度食べたら忘れられない濃厚な味。果肉が40%も入った贅沢な一品で、クラウンメロンをそのまま食べているかのよう。

販売…通年
通販…可(自社サイト)

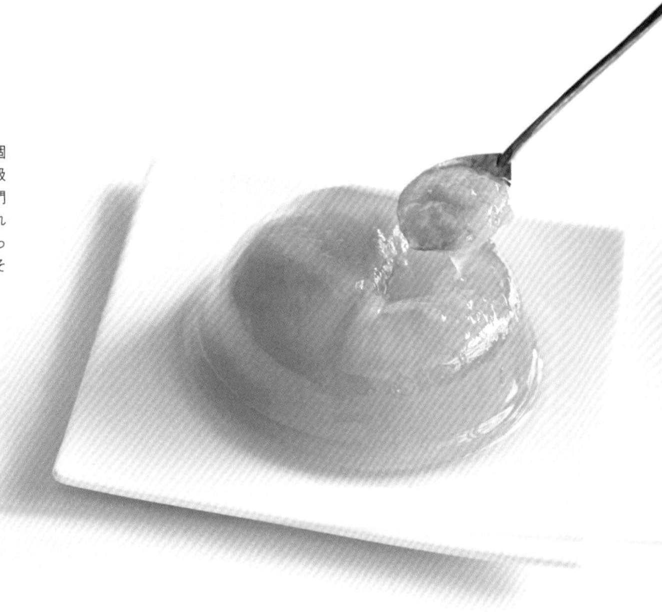

青島三ケ日みかんゼリー(左) 夏みかんゼリー(中) 青梅ゼリー(右)

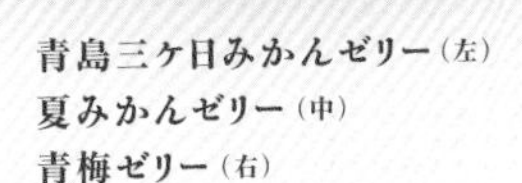

巌邑堂(がんゆうどう) / 静岡

明治4(1871)年、岐阜藩士が浜松に移り住み創業した和菓子店。およそ10年前から販売される夏のゼリーは、寒天を使ったなめらかな口触り。夏みかんと青梅は、作り手が自ら山へ入り選別・収穫したものを使っているそう。

販売…5月中旬〜9月中旬
通販…可(自社サイト)

JELLY BOOK

Delicious COLUMN vol.02

郷土のゼリー菓子

かつて農家の家内工業として飴菓子が作られていた東三河地方。
その飴製造から発展し、馴染みのオブラートに包まれた寒天ゼリーが生まれるまでの物語。

創意工夫の飴作り

オブラートに包まれた色とりどりの寒天ゼリー。どこか懐かしさを感じさせるこの菓子は、実は愛知県東三河地方で今も多く作られる伝統菓子でもある。

考案したのは田原村（現愛知県田原市）出身の鈴木菊次郎。明治元（1868）年、大工を家業とする家に生まれた菊次郎は、成人後、自らも大工の棟梁となり父祖を助けていた。

30歳になる頃、結婚。妻・たねは家のことをする傍ら、飴菓子を作り販売していたそうだ。明治33（1900）年、菊次郎は伊勢参拝の途中にふと目にした機械をもとに、独自の晒飴（さらしあめ）製造機を開発する。研究を重ね、「黄金飴」なる商品を売り出し好評を得た。

さらに明治41（1908）年には、晒飴を原料とした固形飴菓子を作り「翁飴（おきなあめ）」と称して販売。溶かした寒天に砂糖と水飴を混ぜて煮詰め、色素・香料を加えて型に流し込み、乾燥して仕上げたものであった。この型はみかんやぶどうなどの形をしており、大工の父・幸左衛門が作ったという。

オブラートで巻いたゼリーの誕生

大正3（1914）年、菊次郎は新たに「サイダボンボン」を開発・発売する。翁飴の特徴を生かしつつ、サイダーやミカン水の清涼飲料を加えたもので、これが後の寒天ゼリーとなった。このとき菊次郎はゼリーの柔らかさを保つため、また、ゼリー同士が張りつくのを防ぐため独自に開発したオブラートで巻くことを思いつく。当時、ゼリーに類する菓子は他にもあったそうだが、このオブラート巻きのものは菊次郎が元祖である。菊次郎の寒天ゼリーは全国の菓子店で次々と特約販売され、その後朝鮮、台湾、中国でも売られるようになったそうだ。

昭和7（1932）年、菊次郎は寒天ゼリーの製造事業を従業員であった鈴木道生らに譲渡し、隠居暮らしの傍ら果樹園の経営を始めた。事業を引き継いだ道生は鈴木製菓を設立して今も四代目が当時の味を守り続けている。オブラート巻きも変わらず手作業。セロファンのひねり包装がノスタルジーを誘う。

参考文献…田原町史

田原市や豊橋市には、菊次郎に由来する寒天ゼリーメーカーがいくつかある。その直系とも言える鈴木製菓では、食物繊維が豊富な岐阜・山岡産の糸寒天を使用。水飴と砂糖を昔ながらの直火高温製法で時間を掛けてしっかり煮詰め、なめらかな食感を生み出している。こちらのフルーツが描かれたパッケージ（箱）は、10種の味のミックスゼリー2袋入り。手土産にも良い。

鈴木製菓／愛知県田原市田原町殿町17
TEL 0531-22-0663
通販…可（amazon、ニッポンセレクト、電話）
＊自社サイトに販売店舗の案内あり。

JELLY BOOK

Delicious COLUMN vol.02

古くから伝わる郷土菓子や銘菓をアレンジしたもの、子どもにも大人にも愛されるおやつゼリー…。
その土地に行ったら味わってみたい、多様な郷土のゼリー・寒天菓子が大集合。

秋田
さなづら

さなづらとは、山野に自生するヤマブドウを指す秋田の方言。秋田では、その果汁を寒天とともにゼリー状に固めた和菓子が昔から親しまれている。甘酸っぱく濃厚、ねっとりとした口当たりがお茶うけにぴったり。

菓子舗榮太楼／秋田県秋田市高陽幸町9-11
TEL 018-863-6133
店舗、自社サイトで購入可能

新潟
スワミルクヨーカン

新潟県見附市ではお馴染みの牛乳寒天。地元の乳業メーカーの二代目が、幼少期の思い出のおやつ・牛乳かんを商品化し昭和51（1976）年から販売。自社の新鮮な牛乳と砂糖、寒天のみを使用し、優しい甘味とさっぱりとした後味に仕上げた。500㎖の牛乳パックにそのまま入ったビッグサイズも評判。

諏訪乳業／新潟県見附市葛巻町746
TEL 0258-62-0498
見附市内のスーパーや道の駅などのほか、アンテナショップ（東京表参道・新潟 食楽園、大阪梅田・新潟をこめ）、ネットショップ（どまいち）で購入可能

山形
のし梅

山形発祥の銘菓・のし梅。江戸時代後期、山形城主の典医が長崎で梅醤を原料とする薬の製法を伝授され、帰郷後、暑気除けの妙薬として売り出したのが起源と言われる。こちらの玉屋総本店では、山形盆地で摘み取った完熟した梅の果肉を使い、砂糖・水飴・寒天を加えて短冊状ののし梅に。上品な甘酸っぱさがくせになる。

玉屋総本店／山形県山形市鉄砲町3-2-16
TEL 023-623-0558
店舗のほか、電話で通販可能

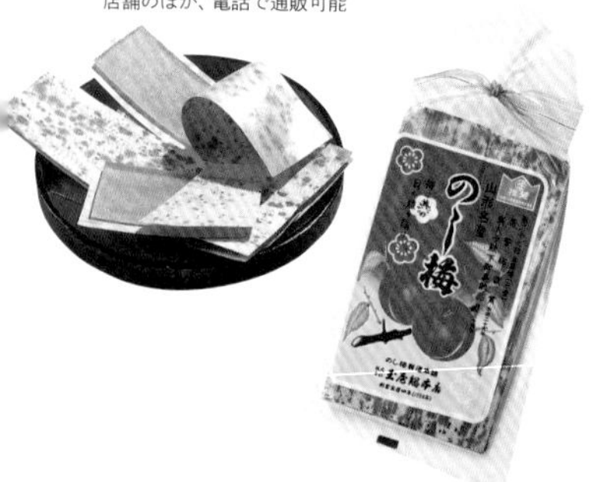

宮城
メン子ちゃんミニゼリー

東北地方で知らぬ人はいない、一口サイズのゼリーのおやつ。昭和56（1981）年に誕生し、「可愛い」という意味の方言「めんこい」から「メン子ちゃん」と名付けられた。製造元の経営破綻後、元従業員が設立した会社が引継ぎ再発売。今も子どもから大人まで幅広く愛されている。冷凍して食べるのもおすすめ。

アキヤマ／
宮城県加美郡加美町字一本杉6 TEL 0229-63-8011
東北6県と新潟県の各スーパーや、自社サイトで購入可能

長野
みすゞ飴

明治末期、水飴を製造していた飯島商店が、翁飴に地元特産の果物を加えた新しいゼリー菓子を開発。これが原型となり、みすゞ飴に発展した。いまや信州土産として全国的に知られるが、誕生当初から無香料・無着色にこだわり一粒一粒大事に手作りされている。

みすゞ飴本舗 飯島商店／
長野県上田市中央1-1-21
TEL 0268-23-2150
店舗、自社サイトで購入可能

岐阜
ニッキ寒天

岐阜の主に東南部で食されている、お茶うけ的な寒天菓子。こんにゃくの製造業者が夏のあいだの仕事として作り始めたと言われる。こちらの谷田商店では50年近く前から製造。蓋を開けるとニッキが優しく香る。ピンク、緑、黄のカラフルな色が可愛らしいが、味は同じだそう。

谷田商店／岐阜県揖斐郡池田町段字貝籠232
TEL 0585-45-1211
岐阜・愛知県内の一部スーパー、
自社サイトで購入可能

福岡
ひよ子プチデザート

明治30（1897）年創業、福岡銘菓・ひよ子で知られる老舗菓子店が作る夏の涼味。昭和57（1982）年から販売されている。福岡県うきは市の名水・清水湧水を使った清涼感ある味わい。いちご・マンゴー・メロン・ぶどうの4種。

ひよ子本舗吉野堂／
福岡県福岡市南区向野1-16-13
TEL 092-541-8211
直営店舗、福岡県内の百貨店・量販店、自社サイトなどで購入可能

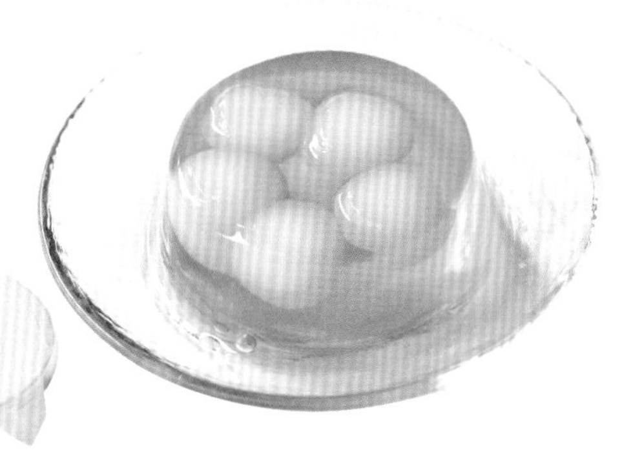

長崎
かんざらしゼリー
湧水

長崎県島原市の名物「かんざらし」は、白玉団子をたっぷりの冷水でさらし、砂糖と蜂蜜のシロップで頂く夏のデザート。豊かな湧水で知られる島原ならではの甘味で、それを地元の老舗菓子店がゼリーに仕立てた。誕生したのは約30年前。弾力ある白玉とつるんとしたゼリーの2つの食感が楽しめる。

ポエム タケモト菓舗／
長崎県島原市浦田1-803-16
TEL 0957-62-3388
店舗のほか、電話で通販可能（賞味期限一週間）

*画像提供…玉屋総本店、ひよ子本舗吉野堂

若松園の黄色いゼリー

御菓子司 若松園 豊橋本店／愛知

江戸創業の老舗和菓子店。かつて文化人も通う喫茶部を併設。作家・井上靖がそこで口にしたゼリーを、のちに自伝小説『しろばんば』で「言葉では説明できない程の美味しさ」と評した。井上靖生誕100年に際し、試作を重ねて復刻。甘夏の果肉と生果汁を使用し、口に含むと想像以上にその香りが広がる。

販売…通年
通販…可（自社サイト）

MIO

NANASAN（とも栄）／滋賀

琵琶湖北西部に位置する安曇川で、90年近い歴史を持つ和菓子店。その四代目が夫婦で立ち上げたブランドの琥珀糖は、地元特産のアドベリーを使った繊細な七角形の多面体のお菓子。外側のシャリと中のとろみに加え、もちっとしたゼリーの3種の食感が楽しめる。

販売…通年
通販…可（自社サイト）

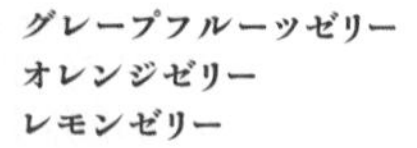

グレープフルーツゼリー
オレンジゼリー
レモンゼリー

フルーツパーラー　クリケット／京都

京都中央卸売市場を営んでいた初代が、果物を美味しく食べてもらいたいと昭和49(1974)年にオープン。創業以来の看板商品・フルーツゼリーは、ゼラチンを限界まで減らし口の中でとろけるような食感に。果物本来の酸味と甘味が生クリームともよく合う。

販売…通年
通販…可(自社サイト) ＊3個セット～

水モンブラン

マールブランシュ／京都

手土産としても人気のお濃茶ラングドシャ「茶の菓」をはじめ、京都の美意識にこだわった味を届ける洋菓子店。この「水モンブラン」は、創業からのスペシャリテ・モンブランをそのままゼリーに仕立てた夏のデザート。喉越しがなめらかで、栗とほのかなラム酒の風味が香る。

販売…5月〜8月頃
通販…可（自社サイト）

好事福盧（こうずぶくろ）

村上開新堂／京都

明治40(1907) 年創業、京都の老舗洋菓子店で大正後期から作られるゼリー。「好事」とは祝い事を、「福盧」とは柑橘類のことを指すと伝わる。紀州みかんの素朴な甘さをそのまま生かし、風味づけにリキュールを加えたのみのさっぱりとした味わい。作家・池波正太郎も好んで食したという。

販売…11月〜3月頃
通販…可(電話) *6個〜

たねや寒天トマト

たねや／滋賀

完熟トマトをまるごとひとつ使ったゼリーと寒天を合わせた涼味。新鮮なエキストラバージン・オリーブオイルをかけて頂く。寒天は、口の中で崩れる瞬間の食感にこだわって作られ、トマトゼリーの柔らかな口当たりとよく合う。

販売…通年
通販…可（自社サイト）

ブルーベリーゼリー

たねや／滋賀

梅や白桃、トマトなど爽やかな味が揃うたねやの夏のゼリー。そのラインナップのひとつブルーベリーは、なめらかな寒天ゼリーにワイルドブルーベリーがたっぷり加わった、多様な食感が楽しめる逸品。

販売…4月1日～8月中旬
通販…可（自社サイト）

Goncharoff
pamiers

ラフルーティア
パイナップル、オレンジ、ラズベリー、ピーチ
メロン、グレープ

ゴンチャロフ製菓 / 兵庫

「ラ・フルーツ・ティアー（果物の涙）」から名付けられた、夏季限定の6種のゼリー。果汁やピューレをたっぷり使い彩りも鮮やかで、甘さを抑えた清涼感ある味わいが夏にぴったり。

販売…4月〜8月頃
通販…可（自社サイト）
＊ラズベリーは2021年度よりりんごに変更予定。

パミエ / 右ページ
アップル、アプリコット、オレンジ、ストロベリー
バナナ、レモン

ゴンチャロフ製菓 / 兵庫

およそ100年前、神戸・北野町で高級チョコレートの製造販売からスタートした老舗洋菓子店。このパミエも発売から約50年の歴史を持つ。シトラスペクチンで丹念に煮詰め、果物の風味を凝縮。もっちりとした食感に仕上げた。

販売…通年
通販…可（自社サイト）

琥珀 レモンの雫

永楽屋／京都

物資の不足した戦後混乱期、人の心を満たす食を届けたいと河原町四条に創業。京菓子と京佃煮を扱う。柚子、紅玉など四季折々の素材を閉じ込めたこちらの琥珀は店の代表菓。夏季限定の檸檬は、瀬戸内レモンの優しい酸味が特徴。

販売…6月〜8月頃
通販…可(自社サイト)

和歌山産 檸檬ゼリー

むか新／大阪

「元祖大阪みたらしだんご」や「こがしバターケーキ」で知られる和洋菓子店。皮付きの輪切りレモンが美しく浮かんだこのゼリーは、搾汁後の皮も細かく粉砕してゼリー液に使用。丁寧な下処理によりえぐみがなく、口に入れると清々しい香りが広がる。

販売…5月〜8月頃
通販…可(自社サイト)

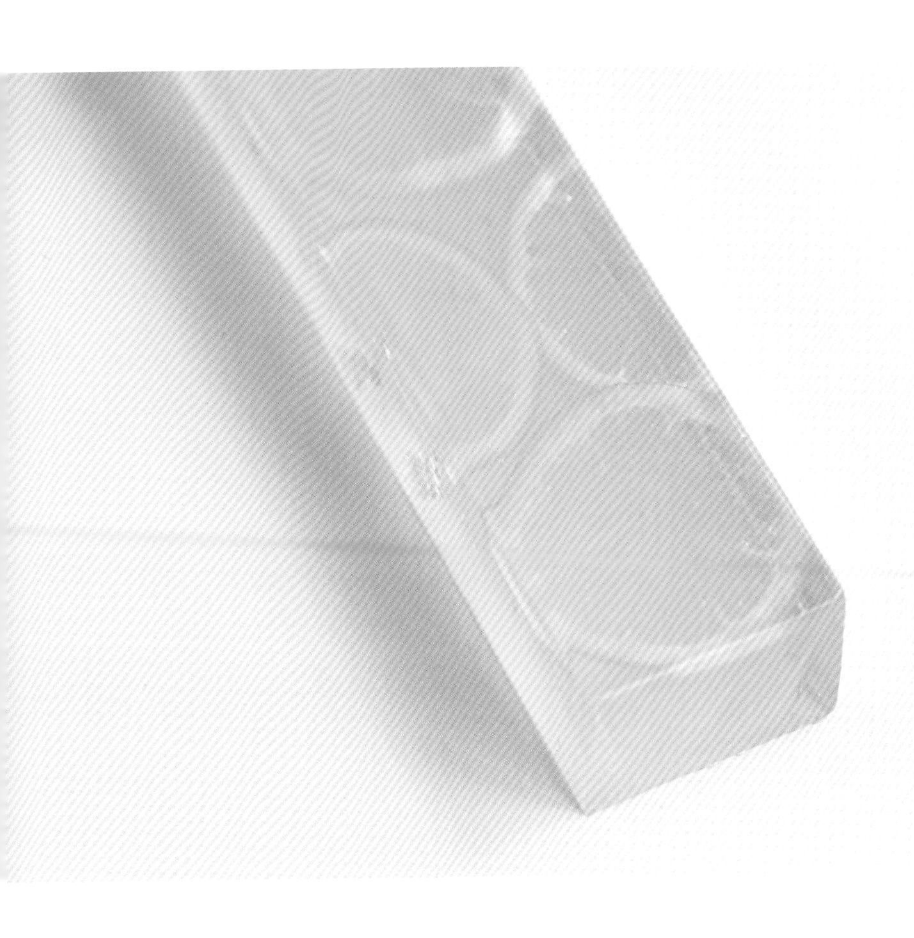

レースかん

大極殿本舗／京都

その名の通り、レースのように繊細な輪切りのレモンが見た目にも涼しげな逸品。寒天特有の歯切れ良い食感で、ほのかに甘く優しい味。販売する大極殿は、明治期に京都ではまだ珍しかったカステラ（春庭良）を広め、以来焼き菓子を中心に扱う和菓子店。甘味処で味わう月替わりの寒天「琥珀流し」も名物。

販売…5月中旬〜9月中旬
通販…可（電話）

フルーツゼリー寄せ

紅白グレープフルーツのゼリー寄せ
オレンジ・さくらんぼ・ラ フランス・りんごのゼリー寄せ
黄桃と洋梨のゼリー寄せ

京都吉兆 / 京都

昭和35(1960)年頃から懐石料理で提供されていたデザートが評判を呼び、贈答品に。果物本来の甘さや酸味、ほろ苦さを生かした味わいで、そのままでも十分美味しく頂けるが、付属の3種のソース(ミルク・赤ワイン・オレンジ)をかけると一層その味が引き立つ。

販売…通年
通販…可(自社サイト)

テリーヌ・ドゥ・フリュイ
オレンジ＆グレープフルーツ
マンゴー＆みかん
グレープ＆ポワール
アップル＆イエローピーチ
ピーチ＆チェリー
グレープ＆ホワイトグレープ

アンリ・シャルパンティエ ／ 兵庫

「クレープ・シュゼット」を提供する喫茶店として、兵庫・芦屋に創業。現在ではフィナンシェなどの焼き菓子や生ケーキで全国的に親しまれる。平成13（2001）年から販売されるこのゼリーは、今までにないお洒落なデザートをと開発。テリーヌ型を使い、それぞれ2種の果物とゼリーを美しく敷き詰めた。

販売…5月～8月頃
通販…可（自社サイト、楽天市場）

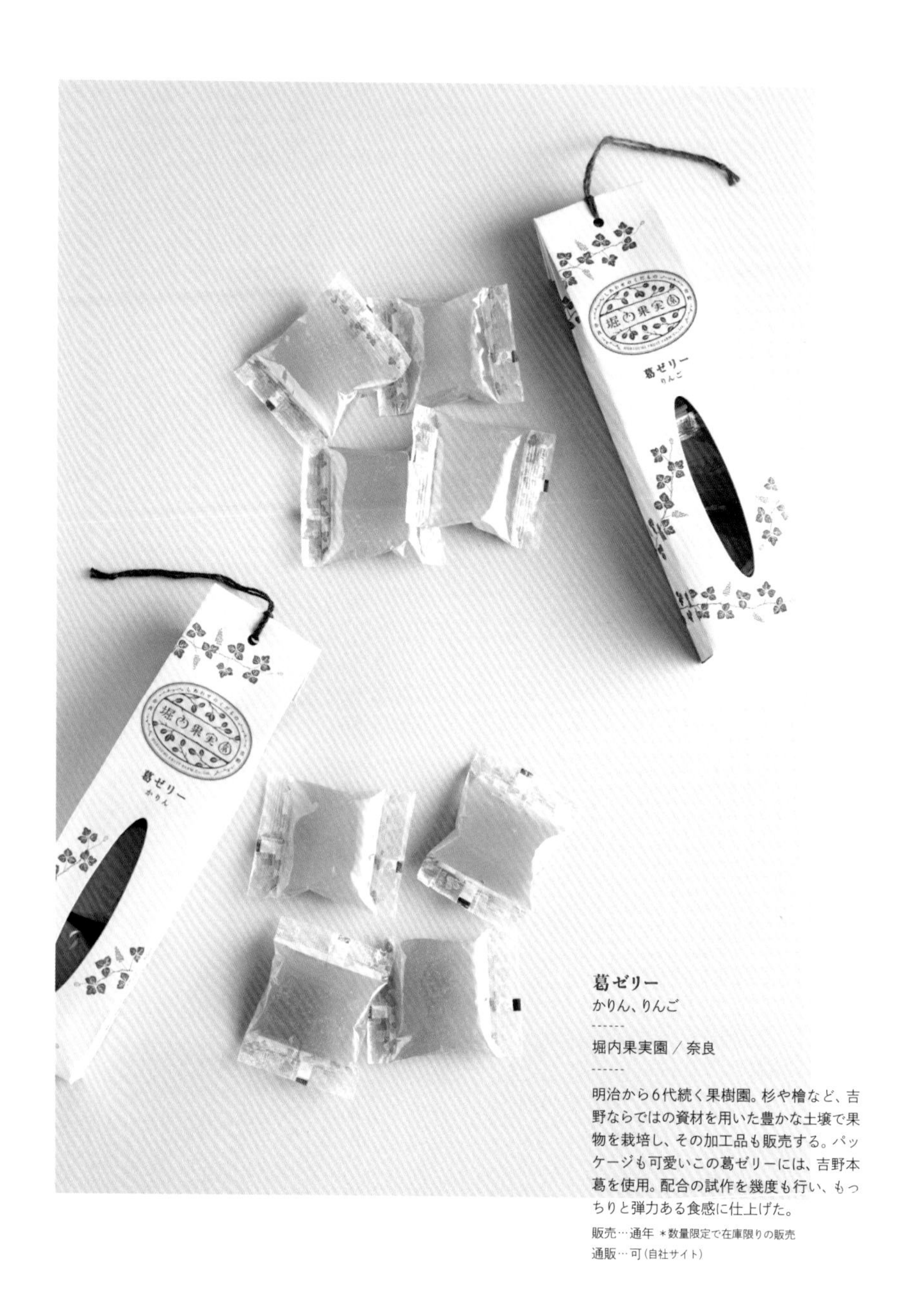

葛ゼリー

かりん、りんご

堀内果実園／奈良

明治から6代続く果樹園。杉や檜など、吉野ならではの資材を用いた豊かな土壌で果物を栽培し、その加工品も販売する。パッケージも可愛いこの葛ゼリーには、吉野本葛を使用。配合の試作を幾度も行い、もっちりと弾力ある食感に仕上げた。

販売…通年 ＊数量限定で在庫限りの販売
通販…可（自社サイト）

水羊羹 れもん羹

御菓子司 本家菊屋 本店 / 奈良

創業・天正13(1585)年。豊臣秀吉の茶会に菓子を献上したという、奈良で最も長い歴史を持つ和菓子店。佇まいも美しいこちらの「れもん羹」は、戦後、洋菓子が広まった時期に和菓子の良さを生かした夏のデザートをと考案された。スライスされたレモンが涼を呼ぶ。

販売…5月〜8月中旬
通販…可(自社サイト)

フルーツボールゼリー ミックス

ふみこ農園／和歌山

透明ジュレの中にきらきらと浮かぶ、カラフルなボールゼリー。果汁をたっぷり含み、口に入れるといちごにメロン、みかん、ライチの風味が広がる。マンナン（こんにゃく粉）入りの弾力ある食感も楽しい。地元・和歌山の原材料にこだわった加工品を製造販売する店の、ギフトとしても人気の品。

販売…通年
通販…可（自社サイト）

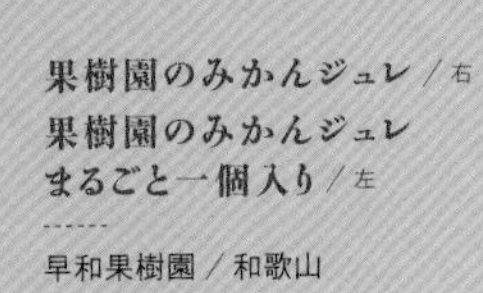

果樹園のみかんジュレ／右
果樹園のみかんジュレ まるごと一個入り／左

早和果樹園／和歌山

有田みかんそのままの味を生かすため、果汁を70%以上も使用。天然素材の寒天とこんにゃく粉で優しい食感に仕上げた。「まるごと一個入り」(左)は、その名の通りまるっとした果肉がごろりと入った食べ応えある一品。

販売…通年
通販…可(自社サイト)

果樹園の濃厚 みかんジュレ

早和果樹園／和歌山

こちらも有田みかんの果汁を贅沢に91%も使用した濃厚ジュレ。凍らせてシャーベット状にしても美味しい。実と葉をデザインしたパッケージも可愛らしく、贈り物にもぴったり。有田みかんの生産から加工・販売まで手掛ける農園が作る。

販売…通年
通販…可(自社サイト)

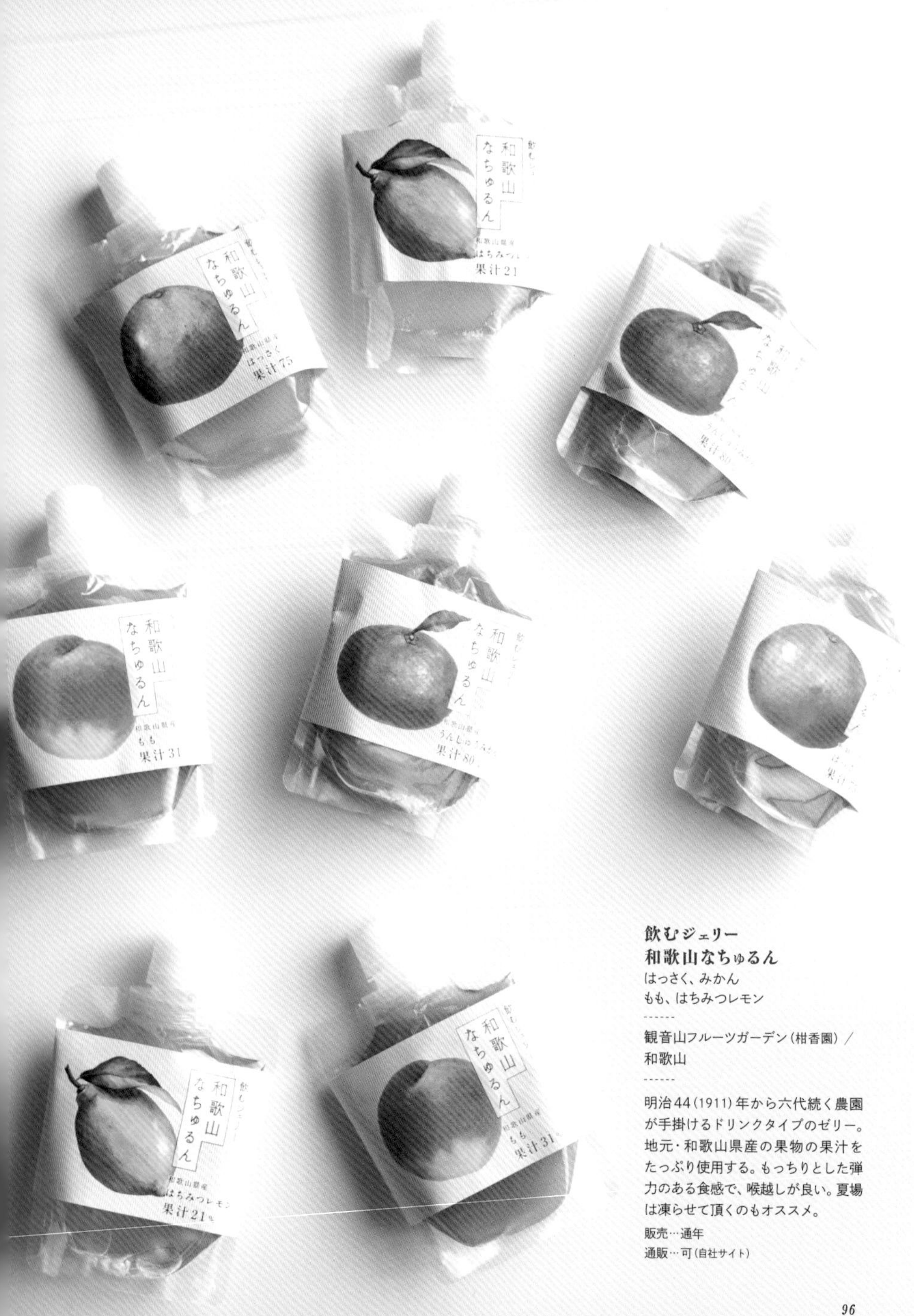

飲むジェリー
和歌山なちゅるん
はっさく、みかん
もも、はちみつレモン

観音山フルーツガーデン（柑香園）／
和歌山

明治44（1911）年から六代続く農園が手掛けるドリンクタイプのゼリー。地元・和歌山県産の果物の果汁をたっぷり使用する。もっちりとした弾力のある食感で、喉越しが良い。夏場は凍らせて頂くのもオススメ。

販売…通年
通販…可（自社サイト）

20世紀梨ゼリー感動です。

寿製菓／鳥取

ころんと可愛い果物型の容器に入った梨ゼリー。果汁たっぷりのゼリーの中には角切りの果肉が詰まっており、なめらかなゼリーとざくざくした果肉の2つの食感が楽しめる。

販売…通年
通販…可（自社サイト）

島根わいんゼリー

巨峰、マスカット

日吉製菓／島根

島根ワイナリーの土産品として人気の玉ゼリー。ぶどうの房に見立てた姿が可愛い。地元で大正時代から続く製菓会社が手掛ける。アルコール分は0%なので、お酒を飲めない人もワインの味を楽しめる。

販売…通年
通販…可（島根ワイナリー通販サイト）

清水白桃ゼリー

志ほや／岡山

大正時代創業、岡山の特産物を使った進物品を扱う老舗のゼリー。高級白桃「清水白桃」の半割りを、白桃ペースト入りのゼリーに閉じ込めた贅沢なデザートだ。甘くなめらかな舌触りで、生の果肉を食べるより瑞々しい。

販売…通年
通販…可（自社サイト、楽天市場、Yahoo! ショッピング、ポンパレモール）

因島のはっさくゼリー

尾道市農業協同組合
因島営農センター／広島

八朔の原産地として知られる、尾道市因島。そこで作られるゼリーは、八朔の特徴であるほのかな苦みと酸味を生かした味わい。果肉入りで、小ぶりのサイズながら食べ応え十分。パッケージのユニークなキャラクターが目印。

販売…通年
通販…可（電話）

添加物と砂糖をつかわない
海藻ゼリー

レモン、紅八朔、甘夏、りんご
ボイセンベリー、みかん

土井酒店 ／ 広島

広島県呉市で地酒を扱う酒店が作るゼリーは添加物と砂糖不使用。呉の特産である海藻を使い、食物繊維をたっぷり含む。フレーバーは広島県産の柑橘が中心で、レモンは果実本来の味を伝えるためあえて酸っぱさを残している。

販売…通年
通販…可（自社サイト）

フルーツジュレ
マンゴー、すもも、パッションフルーツ

shop&cafe アンファーム（安藤果樹園）／香川

瀬戸内の温暖な気候のなか、甘くとろけるようなマンゴーやドラゴンフルーツ、パッションフルーツなどを育てる農園。その味をいつでも楽しんでほしいと誕生したジュレは、果肉たっぷり。甘味と酸味のバランスが良く、そのままはもちろん、アイスなどにかけても美味しい。

販売…通年（季節によって果物の変更あり）
通販…可（自社サイト）

飲むみかんゼリー

伊予柑、ジューシーフルーツ
温州みかん、甘夏

無茶々園／愛媛

柑橘の風味を生かし、寒天などの天然原料で作るゼリー。パウチタイプで手軽に頂ける。販売する無茶々園は、1970年代から有機栽培に取り組み、その先駆けとしても知られる。

販売…3月～9月頃
通販…可（自社サイト）

沢渡茶と土佐文旦のゼリー

ビバ沢渡／高知

高知・仁淀川町の茶農家が「自分たちの育てた茶を使って高知らしい品を」と考案。煎茶と土佐文旦の組み合わせがなんとも不思議だが、茶の甘味と文旦のさっぱりした後味が美味しい。

販売…通年
通販…可（自社サイト）

香る小夏ゼリー

菓舗 浜幸／高知

はりまや橋の袂に店を構える老舗菓子屋が作るゼリー。無着色・無香料で、特許を取得した非加熱の「海洋深層水抽出法」により、果実本来の香りをほぼ完全抽出。土佐小夏の甘酸っぱさともぎたての香りをぎゅっと閉じ込めた。

販売…3月〜9月頃
通販…可(自社サイト)

夏日吹寄（かじつふきよせ）

蜜豆、かぼす、みかん
ブラッドオレンジ

鈴懸／福岡

大正12（1923）年創業。福岡の地に始まり、いまや全国的に知られる和菓子店の夏の味。皮や果汁、果肉を品良く織り込み、濃厚かつ清涼感ある味わいに。蜜豆にはラ・フランスやさくらんぼ、キウイ、白桃果汁ゼリーなどが入る。

販売…4月中旬～8月頃

通販…可（自社サイト）

＊「夏日吹寄」は蜜豆（2本）とかぼす・みかん・ブラッドオレンジ（各1本）のセットで、単品での販売もあり。

元祖茂木ビワゼリー／左

茂木一まる香本家／長崎

長崎の港町で天保15（1844）年から続く菓子屋が、40年ほど前に「地元の特産・茂木ビワの瑞々しさをそのまま伝えられる菓子を」と開発。一粒ずつ手作業で渋皮を取り、肉厚の実をつるんとした口当たりのゼリーで包んだ。

販売…通年
通販…可（自社サイト）

余すことなく茂木ビワゼリー／右

茂木一まる香本家／長崎

ビワの実、種、葉までまるごと味わえる一品。実は食べやすくカットされ、甘露煮の種は柔らかくほっくりとした味わい。ビワの葉茶で作ったゼリーの程よい甘さとよく合う。

販売…通年
通販…可（自社サイト）

夢甘夏ゼリー

呼子 甘夏かあちゃん ／ 佐賀

“父ちゃん”が育てた甘夏を“母ちゃん”がゼリーに仕上げたという、夫婦で作る呼子の名物。添加物を使っておらず、自然な甘味と酸味が生きた爽やかな風味。ぷるんとした口当たりがクセになる。有機栽培のため、食べた後の果皮もマーマレード作りなどに使える。

販売…通年（写真の緑の皮のものは9月〜11月頃に販売）
通販…可（自社サイト、Yahoo!ショッピング）

ゼリーシャーベット
メロン（青）、メロン（赤）、いちご、マンゴー
ブルーベリー

七城町特産品センター／熊本

高い糖度を誇るメロンが特産の町・七城で、道の駅の名物となっているゼリー。メロンをはじめ、いずれも地元産の果実を使用。袋のまま凍らせて食べるのがオススメで、シャリシャリとしたシャーベットと、ゼリーのふるっとした食感が同時に味わえる。

販売…4月〜10月頃
通販…可（自社サイト、電話）

JELLY BOOK

Delicious COLUMN vol. 03

また食べたい、学校給食ゼリー

子どもの頃、給食メニューにゼリーの文字を見つけると、嬉しくて何日も前から楽しみにしていたという人も多いはず。ここでは、そんな懐かしの給食ゼリーを地域特有の味を中心にご紹介。

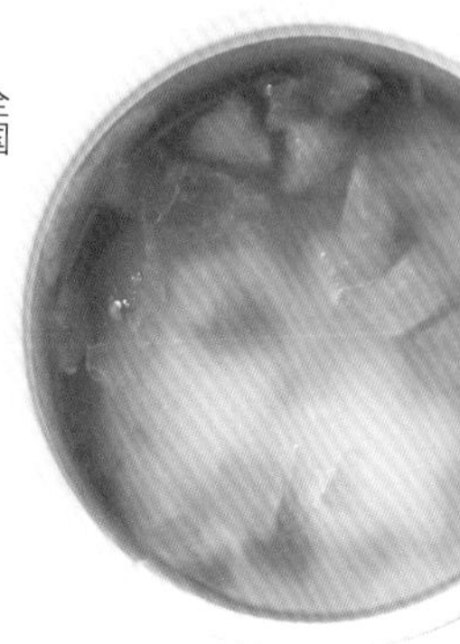

全国
七夕ゼリー

給食は、学校では「教育の一環」と考えられており、地域性や季節を踏まえたメニューが提供されている。この七夕ゼリーもそのひとつ。写真の七夕ゼリーを製造するトーニチでは、約20年前から味やパッケージを改良しながら作り続けているそうだ。織姫と彦星を表現した星型のナタデココと、天の川に見立てたりんご果肉のデザインが可愛い。

パッケージの側面には七夕飾り・吹流しの由来も書かれており、伝統行事を美味しく楽しく学べる。

問い合わせ先／トーニチ
福島県福島市瀬上町字新田中通1-3
TEL 024-552-2161

栃木県
県民の日デザート

毎年6月15日の「栃木県民の日」に提供される、栃木ではお馴染みのいちごゼリー。県民の日を子どもたちに啓発する目的で、平成元（1989）年に県の学校給食会とメーカーが開発した。県民の日の由来とともにパッケージに描かれているのは、県民の日マスコットキャラの「幸せを呼ぶ青い鳥・ルリちゃん」。

収穫量日本一である栃木県産のいちごピューレが入ったゼリー。県内の小中学校、一部の高校や保育園で提供されている。

問い合わせ先／栃木県学校給食会
栃木県宇都宮市砂田町649
TEL 028-656-6511

千葉県
麦芽ゼリー

昭和53（1978）年、「栄養補助ができるデザートを」というニーズに応えて製造開始。以来、県内約500の小中学校、幼稚園などに提供されている。食べやすいココア味で、地産地消推奨の一環として県の特産物を使ったメニューとともに出されることが多いそう。県内の一部道の駅や地元スーパーでも取り扱いがある。

現在50歳以下の千葉県民なら誰もが知る“県民のおやつ”。右のパッケージは90年代後半～00年代前半にかけて使われていたデザインの復刻版。

問い合わせ先／古谷乳業
千葉県千葉市中央区千葉港7-1
TEL 0120-369-268

静岡県富士市
サイダーかん

富士市では親子二代、三代にわたり親しまれているという、給食の定番デザート。1960年代末頃、同市の学校給食に携わる管理栄養士の女性が、自身の幼少期の思い出の味をもとにレシピを考案。次第に市全体に広がり、今も小中学校で提供されている。当時はまだ青いシロップがなかったため、爽やかさを演出するためメロンシロップを使っていたそう。

富士市役所のHPでレシピを公開中。
サイダーのシュワシュワ感がポイントだそう。

問い合わせ先／富士市教育委員会 学務課
静岡県富士市永田町1-100
TEL 0545-55-2871

京都府京都市
三色ゼリー

ひな祭りの時期に提供される給食ゼリー。昭和45（1970）年頃、京都市とヤヨイ食品（現ヤヨイサンフーズ）が開発し全国に広まった。当初は六弁の花びら型だったが、昭和54（1979）年から現在のような菱餅を模した形になったそう。上から「いちご・豆乳・青リンゴ風味」が重なった三層ゼリー。

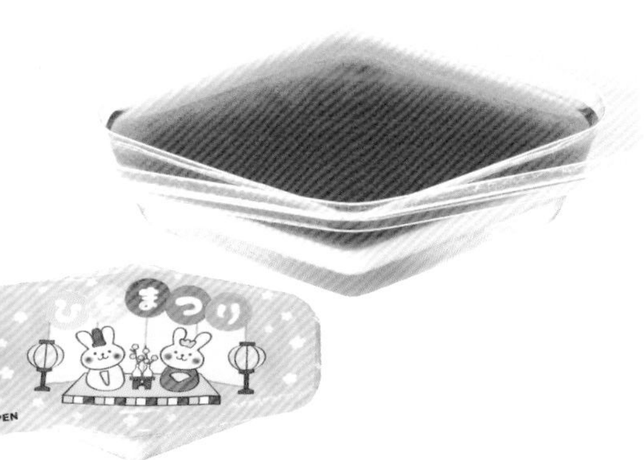

写真は全国向けの「NEW 菱形三色ゼリー（鉄・Ca）」。京都市だけは今も開発当初の味「りんご・ヨーグルト風味・メロン」が提供されているそう。

問い合わせ先／ヤヨイサンフーズ
東京都港区芝大門1-10-11
TEL 03-5400-1500

全国
プデナー

「とくれん」の愛称で親しまれ、昭和50（1975）年頃から関西地区（特に神戸市）を中心として全国の学校給食で提供されているフルーツゼリー。「とくれん」とは、開発に関わった「徳島県加工農業協同組合連合会」の略称で、製造元が変わった現在もその名がパッケージに残されている。オレンジ味を中心に全5種。半解凍のシャリっとした状態が食べごろ。

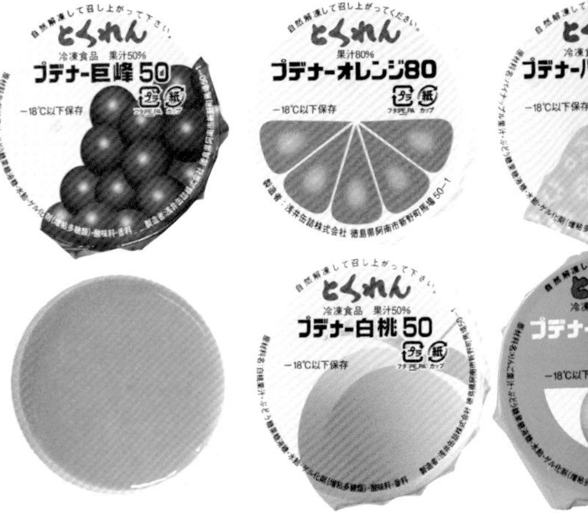

プデナーオレンジ80、巨峰50、白桃50、アップル50、パイナップル50

「徳島の特産品であるみかんを使って学校給食向けの加工品を」と開発されたそう。独自のゲル化剤を使用し、喉ごしの良いつるんとした食感。

問い合わせ先／浅井缶詰
徳島県阿南市新野町馬場50-1
TEL 0884-36-3344

＊掲載協力…トーニチ株式会社、公益財団法人栃木県学校給食会、古谷乳業株式会社、富士市教育委員会、株式会社ヤヨイサンフーズ、浅井缶詰株式会社
＊画像提供…富士市教育委員会、株式会社ヤヨイサンフーズ

JELLY BOOK
Delicious COLUMN vol.04

懐かしの駄菓子ゼリー

駄菓子屋の定番として人気だったドリンクゼリー。30年以上にわたり子どもたちに愛されながら
2020年秋に惜しまれつつ終売となったその歴史を、誕生のきっかけから伺った。

棒ジュースから派生した飲むゼリー

ぷっくりと丸い「のむんチョゼリー」に、うず巻き状の細長い「くるくるぼーゼリー」。その印象的な形とカラフルな色合いが記憶に残っているという人も多いだろう。製造していたのは、愛知県豊橋市の東豊製菓。社長の鈴木憲一さんによると、元々は細長のポリエチレン容器に清涼飲料水を入れた「ポリジュース」（棒ジュース）を70年代から作っていたという。

ポリジュースは駄菓子屋で一個ずつ販売されていたが、80年代に入るとスーパーやコンビニが全国的に普及。その売り場に合わせ袋詰めが主流となり、多くのメーカーが機械化を進め競って大量生産するようになった。

そんな中、東豊製菓は独自の商品開発に取り組み、清涼飲料水の代わりに〝飲むゼリー〟を入れることを考案。昭和61（1986）年、「のむんチョゼリー」が誕生した。ちなみにこれは当時「飲むヨーグルト」が流行していたことから着想を得たそうだ。

真似のできない形

ポリ容器をうず巻き状などの変型にしたのは、ポリジュースと見た目の差別化を図ったためだ。複雑な形は液の充填に手間がかかるが、そのぶんライバルが少なく、北海道から沖縄まで幅広く販売された。ピーク時の90年代には年間2700万本を生産したという。

平成27（2015）年には新商品「まぜまぜくん」も発売。しかし物流コストの高騰によって徐々に採算を取ることが難しくなり、加えて設備の老朽化により製造終了が決定。残念ながら店頭から消えることになったが、駄菓子屋の光景とともにこれからも多くの人の思い出に残り続けるだろう。

2020年9月まで製造されていたドリンクゼリー「のむんチョゼリー」「くるくるぼーゼリー」「まぜまぜくん」。製造元の東豊製菓は昭和23(1948)年創業。終戦後、内地に引き揚げた初代が家族を養うため知人に菓子作りを習い設立したメーカーだ。昭和55(1980)年発売のロングセラー駄菓子「ポテトフライ」でもお馴染み。

東豊製菓 / 愛知県豊橋市春日町1-156 TEL 0532-61-2145

6｜旅先、立ち寄りゼリー
その場所でしか味わえないゼリーを求めて、西へ東へ。

季節限定の味！（3月〜11月頃）

フューチャーヒャクカフェの
ブルーハワイのゼリー

JR倉敷駅から歩いて10分ほどの場所にある小さなカフェ。オーナーがセレクトした本や雑貨がセンス良く配置された空間は、友人の家に遊びに来たようにゆっくりくつろげる。名物・黒ごまカレーがおすすめだがスイーツも充実。レトロなルックスが可愛い「ブルーハワイのゼリー」は弾力のあるプルッとした食感。夏の暑い日に食べたい爽やかなデザートだ。

岡山県倉敷市鶴形1-4-22 TEL 086-423-1011

珈琲専門店ペガサスの
エメラルドゼリー

この地で営業を始めて40年以上。近くの大学の学生がおしゃべりを楽しみ、サラリーマンが新聞を片手にトーストをほおばる、そんな光景が見られる居心地の良い喫茶店だ。自慢のコーヒーは、ブレンド・ストレートともにバリエーションが豊富。自家製ゼリーも人気で、この「エメラルドゼリー」はヨーグルトドリンクの中に色鮮やかなカットゼリーがたっぷり。バニラアイスを縁取る生クリームのデコレーションも愛らしい。

東京都文京区白山5-1-3
TEL 03-3811-7768

バラをかたどったコーヒーゼリーも。

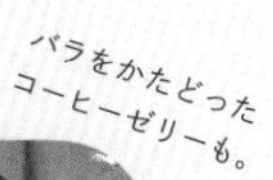

この看板が目印！

もなど喫茶店のゼリーポンチ

テーブルや照明など、アンティーク調のしつらえが大正ロマンを感じさせる店内。品書きには鉄板ナポリタンやクリームソーダ、ミルクセーキといった純喫茶の定番が並ぶ。喫茶店を開くのが夢だったという女性オーナー2人が、器や盛り付けまで丹念に考えた品ばかりだ。なかでも「ゼリーポンチ」は、その可憐な姿がひときわ目を引く。つるっと喉越しの良いゼリーに輪切りのレモンが清涼感を添える。

岡山県岡山市北区表町2-7-23 せのお洋服店2F

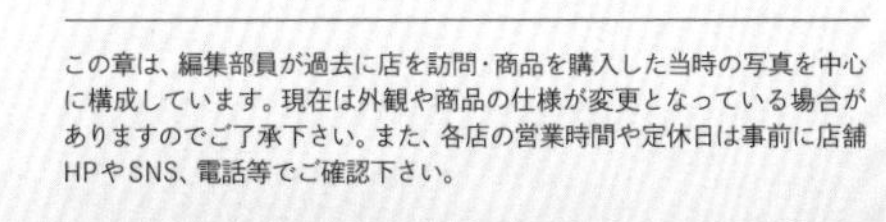

この章は、編集部員が過去に店を訪問・商品を購入した当時の写真を中心に構成しています。現在は外観や商品の仕様が変更となっている場合がありますのでご了承下さい。また、各店の営業時間や定休日は事前に店舗HPやSNS、電話等でご確認下さい。

ミカド珈琲店のモカゼリー

戦後間もなく、東京・日本橋にコーヒーロースターとして創業。昭和38(1963)年、全国に先駆けてコーヒーゼリーを発売したことでも知られる。“食べるコーヒー”というコンセプトの通り、すっきりさわやかな喉越し。写真の「モカゼリー」は、そんなコーヒーゼリーと名物「ミカド珈琲 モカソフト®」を一度に楽しめるデザートで、食べ応え十分。

〈日本橋本店〉東京都中央区日本橋室町1-6-7
TEL 03-3241-0530

モカソフトは1960年代からの看板メニュー!

リロ珈琲喫茶のコーヒージェリー

大阪・心斎橋にある自家焙煎のスペシャルティコーヒー専門店。自家製の「コーヒージェリー」には芳醇な香りと酸味を持つエチオピアの深煎りを抽出して使用する。上には生クリームとナッツのキャラメリゼ、レモンピールがたっぷり。ナッツの香ばしさとレモンピールの爽やかな甘味がゼリーとよく合う。

大阪府大阪市中央区心斎橋筋2-7-25
金子ビル2F
TEL 06-6226-8682

但馬屋珈琲店の珈琲ぜんざい

新宿駅西口・思い出横丁の一角に昭和39(1964)年に開業。世界各国のコーヒー豆を直火式の焙煎機で強・深煎りし、ネルドリップで提供する。「珈琲ぜんざい」は、そのこだわりのコーヒーを使った自家製ゼリーに小豆と生クリーム、きな粉、黒蜜を添えたデザート。ゼリーの深い苦味に小豆の甘さが絶妙にマッチした和洋折衷のスイーツだ。

〈本店〉東京都新宿区西新宿1-2-6 TEL 03-3342-0881

銀座和蘭豆(らんず)のモカ・ゼリー

昭和44(1969)年に開業した銀座和蘭豆のコーヒーゼリーは、生クリームでコーティングされた丸いバニラアイスが目印。店こだわりの豆・モカマタリが持つ特徴そのままに、程良い酸味と苦味が効いた大人の味だ。一緒に提供される蜂蜜で甘さを調整しながら頂くと、ゼリーの深みのある味わいがより一層感じられる。

〈銀座店〉東京都中央区銀座7-3-13
TEL 03-3571-8266

珈琲所コメダ珈琲店の ジェリコ元祖

喫茶文化の街・名古屋で昭和43(1968)年に開業し、現在全国に800以上の店舗を構える人気店。この「ジェリコ元祖」は、店で仕込んだコーヒーゼリーにコメダオリジナルのアイスコーヒーを加え、仕上げにホイップクリームをトッピングしたデザートドリンク。ゼリーは甘過ぎず、程良い苦味。さすがコメダというボリュームだが最後まで飽きずに頂ける。

〈葵店〉愛知県名古屋市東区葵3-12-23
TEL 052-936-0158、
0120-581-766(お客様相談センター)

バナナとソフトクリームが乗った「珈琲ジェリー」もおすすめ！

ブラジレイロのカフェ・ゼリー・パフェ

昭和9(1934)年に開業した、福岡で最も古いとされる喫茶店。ミンチカツレツなど、本格的な洋食が評判だ。喫茶の人気メニュー「カフェ・ゼリー・パフェ」のコーヒーゼリーは、一滴一滴ゆっくり抽出したウォータードリップコーヒーを使用したすっきりした味わい。弾力のある食感も楽しみたい。

福岡県福岡市博多区店屋町1-20
TEL 092-271-0021

ブラジルのコーヒー局が開業した店！

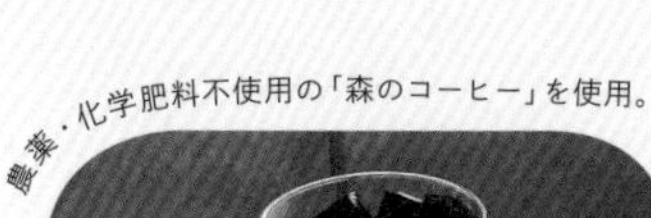

農薬・化学肥料不使用の「森のコーヒー」を使用。

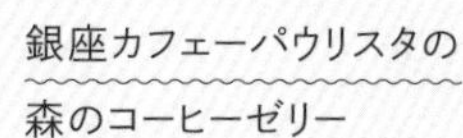

銀座カフェーパウリスタの 森のコーヒーゼリー

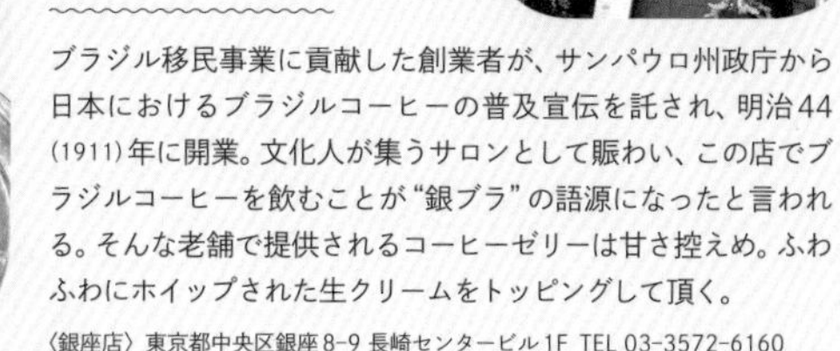

ブラジル移民事業に貢献した創業者が、サンパウロ州政庁から日本におけるブラジルコーヒーの普及宣伝を託され、明治44(1911)年に開業。文化人が集うサロンとして賑わい、この店でブラジルコーヒーを飲むことが“銀ブラ”の語源になったと言われる。そんな老舗で提供されるコーヒーゼリーは甘さ控えめ。ふわふわにホイップされた生クリームをトッピングして頂く。

〈銀座店〉東京都中央区銀座8-9 長崎センタービル1F TEL 03-3572-6160

近江屋洋菓子店のコーヒーゼリー

創業明治17(1884)年。苺サンドショートやアップルパイなど、質の良い素材を生かす菓子作りが支持される老舗洋菓子店。「すいかゼリー」(p117)など季節の果物を使ったゼリーも作られるが、こちらのコーヒーゼリーは通年提供。ほんのり甘いクリームとほろ苦いゼリーがよく合う。

東京都千代田区神田淡路町2-4 TEL 03-3251-1088

Aichi 〜〜〜 名古屋の喫茶店でゼリーを

早朝6時から営業中！

サンモリーのフルーツゼリー

住宅街の真ん中で、ご夫婦が40数年営む喫茶店。フルーツサンドをはじめ、三色トーストにグラタン、小倉ホットケーキにフルーツポテトサラダ…と、多様な軽食メニューに目移りする。目にも鮮やかなこの「フルーツゼリー」はさっぱりとした味わいで少し固めの弾力ある仕上がり。昔ながらの缶詰のさくらんぼとスプレーチョコのトッピングが可愛い。

愛知県名古屋市中村区五反城町1-28-2 TEL 052-412-3105

とろりと甘いヨーグルトソースがポイント！

珈琲屋らんぷのコーヒーゼリーとレモンゼリー

東海地方に店舗を展開する珈琲屋らんぷ。モダンな蔵造り風の店構えが目印だ。手作りデザートのひとつ「コーヒーゼリー」は、自社工場で焙煎した豆をハンドドリップで抽出したこだわりのコーヒーを使用。苦味と深みを持つ味が、濃厚なバニラアイスとよく合う。「レモンゼリー」は、ゼリーとヨーグルトソースの二層仕立て。酸味の効いた味がクセになる。

〈稲沢店〉愛知県稲沢市桜木宮前町89-1 TEL 0587-23-2066

洋菓子・喫茶 ボンボンのカフェゼリーパフェ

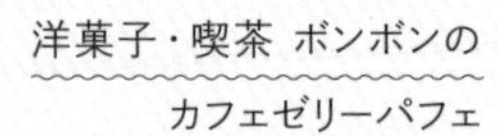

昭和24(1949)年創業。かつてはテレビCMも放映されていたという地元の老舗洋菓子・喫茶店。洋菓子コーナーには、サバランやショートケーキなど常時30種以上のプチガトーが昔と変わらぬ手頃な値段で並んでいる。隣りの喫茶室は、いつも地元の常連客で大賑わい。ゼリーメニューはミックスソフトが乗った「クリームコーヒーゼリー」と写真の「カフェゼリーパフェ」の2つ。どちらも苦さ控えめのコーヒーゼリーがたっぷり入る。

愛知県名古屋市東区泉2-1-22
TEL 052-931-0442

サクサクのパルミエがアクセント！

Gifu・Tochigi・Tokyo・Miyagi ～～～ フルーツ！

フルーツダイニングパレットのゼリー

明治31（1898）年に果物専門店として創業したフルーツパーラー。1970年代、当時はまだ珍しかった生の果物を使ったフルーツサンドを作り始め、いまや全国区の看板メニューに。そのフルーツサンドに次いで人気なのが、旬の果物を使ったゼリー。宝石のように鮮やかなフルーツがとろりとした口当たりのゼリーの中に浮かぶ。

〈Pallet パセオ店〉栃木県宇都宮市川向町1-23
宇都宮駅ビルパセオ 1F TEL 028-627-8596
＊百貨店などの催事でも販売される。出店スケジュールはHPで。

マスクメロンゼリー＆
スカイベリー苺ゼリー！

大熊果実店のミックスフルーツゼリー

創業は今からおよそ80年前。現在店長を務める3代目は、「TVチャンピオン」のフルーツ通選手権優勝という経歴の持ち主。旬の果物はもちろん、店頭のショーケースに並ぶフルーツサンドやジャム、ゼリーも人気で、いずれも果物の自然な甘さを生かした贅沢な味だ。

岐阜県岐阜市金町2-16
TEL 058-263-0465

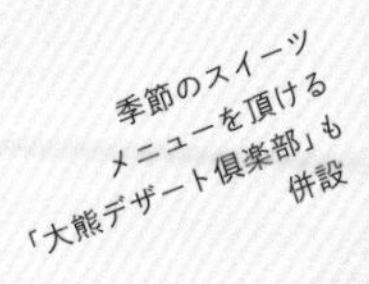

季節のスイーツ
メニューを頂ける
「大熊デザート倶楽部」も
併設

いたがきのフルーツインゼリー

仙台で明治から続く老舗青果商。市内を中心に、ジューススタンドやフルーツカフェ、ケーキショップも展開する。テイクアウトや自社サイトで購入できる「フルーツインゼリー」は、高さ約14cmのボトル型パッケージに生の果物がたくさん詰まった一品。ベースとなるレモンゼリーは、果物の味を引き立てるためあえて甘さ控えめに。クラッシュ感のあるプルプルとした舌触りが美味しい。通年商品のミックスとシトラスのほか、季節限定の味も。

〈本店〉宮城県仙台市宮城野区二十人町300-1
TEL 022-291-1221
＊取り扱い店舗はHPで要確認。

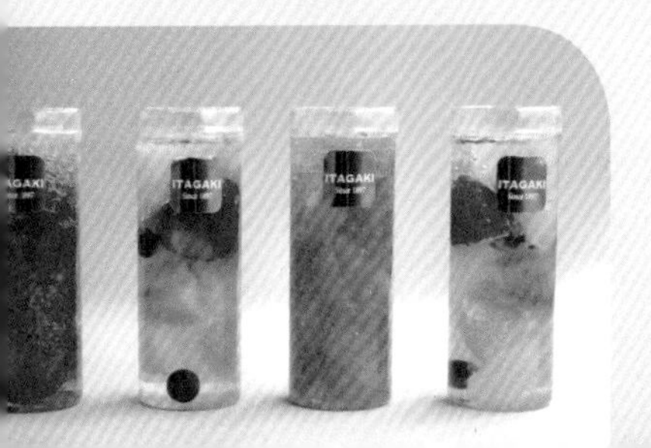

近江屋洋菓子店のすいかゼリー

老舗洋菓子店が作る、夏季限定の「すいかゼリー」。果肉が器からこぼれんばかりに贅沢に盛られている。その下には、舌触りの良いなめらかな果汁入りゼリーとムースの層。店主自ら毎朝青果市場に足を運ぶからこそできる一品だ。

東京都千代田区神田淡路町2-4
TEL 03-3251-1088

フランソア喫茶室のワインゼリー

昭和9(1934)年、四条河原町に開業。かつて画家の藤田嗣治や仏文学者・桑原武夫ら多くの文化人が通い、京都のサロン的役割を担っていた老舗喫茶店だ。店内は豪華客船のホールを思わせる優美なつくりで、創業者が蒐集した名画の複製があちらこちらに飾られている。写真のワインゼリーは、数年前に店を改装した際、かつての人気メニューを復活させたもの。ワインの風味をしっかり効かせた大人のデザートだ。

京都府京都市下京区船頭町184
TEL 075-351-4042

国の登録有形文化財に指定された瀟洒な建物

SNSでも話題!

ウサギノネドコの水晶パフェ

モデルの水晶と一緒に!

オープンは平成24(2012)年。「自然の造形美を伝える」をテーマに宿・カフェ・ショップを展開し、いまやすっかり京都の新名所として定着。カフェの看板メニュー「水晶パフェ」は、クラスター(群晶)を錦玉羹とオレンジリキュールのゼリーで再現。土台の母岩部分はレモンのコンフィチュールにグレープフルーツの蜂蜜マリネ、クリームチーズのアイスにカットマンゴーと、盛りだくさんの層で構成されている。スプーンで底まで大胆にすくって頂くのがおすすめ。

京都府京都市中京区西ノ京南原町37 TEL 075-366-6668

Cachette(カシェット)のAYA-彩-

ドライフラワーや花器、雑貨を販売するショップの2階に併設された、隠れ家的なカフェ。エルダーフラワーのシロップをベースにしたノンアルコールのカクテルや、果汁をアクセントに加えたフラワーソーダなど、花にちなんだメニューを頂ける。一番人気は、大人のフルーツポンチ「AYA-彩-」。ハーブや花で色づけしたクラッシュゼリーと、キウイやベリーなど数種の果物が入る。甘さは控えめで、炭酸のシュワシュワとした口当たりがすっきりした味わい。

京都府京都市左京区一乗寺樋ノ口町8-2
TEL 075-606-5430

物語の中に入り込んだような内装

少しずつ味が違う、5色のカラフルなゼリー

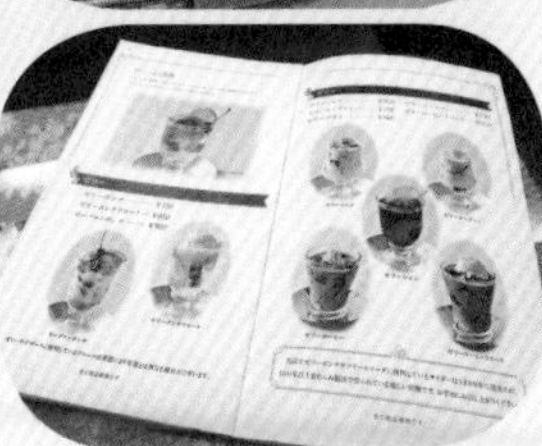

喫茶ソワレのゼリーポンチ

昭和23(1948)年創業。ゼリーの提供が始まったのは1960年代のことで、最初に登場したのは「ゼリーワイン」と「ゼリーミルク」。その後、70年代半ばに2代目店主の妻が若い女性客に喜んでもらおうと、アイスカフェオレにコーヒーゼリーが入った全く新しいデザート「ゼリーコーヒー」を考案した。さらに、当初赤1色だった「ゼリーミルク」のゼリーを、娘の牛乳嫌い克服のためカラフルなゼリーに変えて店でも出したところ評判に。サイダーを使った「ゼリーポンチ」(左写真)も誕生して"5色ゼリー"が店の看板メニューとなった。現在はこれらを含む全8種の多彩なゼリーメニューを楽しめる。

京都府京都市下京区真町95
TEL 075-221-0351

ぎおん石(いし)喫茶室のレモンゼリー

祇園八坂神社前で様々な天然石を扱う店。その2階にある喫茶室では、モダンな空間でコーヒーやデザートを頂ける。この自家製レモンゼリーには、新鮮なレモンの果汁をまるごと一つ分使用しているそう。自然な酸味が舌に心地良く、上にぽってりと乗った生クリームも甘さ控えめでさっぱりと頂ける。

京都府京都市東山区祇園町南側555 ぎおん石2F
TEL 075-561-2458

喫茶室へは1階の店内奥にあるエレベーターで

テイクアウトもOK!

切通し進々堂のフルーツゼリー

(みどり〜の・あかい〜の・きいろい〜の)

芸妓さんや舞妓さんたちが贔屓にする、祇園の老舗喫茶店。店内には名入りの団扇が華やかに飾られている。約40年前に誕生したフルーツゼリーのユニークな愛称は、その味を気に入った舞妓さんが「あの"みどり〜の"を食べたい」と呼んだことから名付けられたそう。しっかり固めのゼリーは、口に入れるとプルンとした食感だ。

京都府京都市東山区祇園町北側254 TEL 075-561-3029

果実本来の味を
生かして作るため、
時期によって酸味や甘味が
少しずつ変化する。

白の枸円

京都・祇園で手土産を専門に扱う店「白」。洗練された和モダンな店内に、季節の和菓子と、へしこ寿司などの“むしやしない”(軽い食事)が並ぶ。ゼリーは季節ごとに変わり「柚子みつ羹」(10月～1月)、「日向夏羹」(2月～4月)、「枸円」(5月～9月)の3種。写真の「枸円」は無農薬の国産レモンを丸ごと使用し、蜜煮で煮つめた皮と果肉入り。お好みで、蓋の果汁を搾って頂く。ふるふるとしたやわらかい口当たりで、夏の盛りに求めたい爽やかな逸品だ。

京都市東山区祇園町南側570-210 TEL 075-532-0910

大極殿本舗六角店「栖園」の琥珀流し

創業明治18(1885)年の京菓子を扱う老舗。併設された喫茶室「栖園」では、名物の寒天「琥珀流し」を頂ける。自家製の蜜は本店と近くの六角店でそれぞれ月ごとに替わり、写真は7月に六角店で提供されるペパーミント。鮮やかな緑が目にも清々しい。六角店では他に白みそ(1月)、甘酒(3月)、桜蜜(4月)、梅酒(6月)、栗(10月)などを味わえる。

〈六角店〉京都府京都市中京区
六角通高倉東入ル堀之上町120
TEL 075-221-3311

寒天は滑らか、かつ
歯切れの良い食感。

御菓子処 鼓の鼓の果と彩紙ふうせん

金沢の菓子メーカーが作る、凝ったデザインのゼリー。「鼓の菓」は金沢駅のシンボル・鼓門をモチーフにしており、グレープ、アップル、オレンジの3種のフレーバーはいずれも濃厚な甘さ。「彩紙ふうせん」はストロベリーやマスカットなど、6種の味で紙風船をかたどった。こちらは酸味のあるさっぱりした味わい。

石川県金沢市かたつ12 TEL 076-237-0370
＊主に金沢駅にて販売。自社サイトでも購入可能

中村藤吉本店の生茶ゼリイ(抹茶・ほうじ茶)

安政元(1854)年、初代・中村藤吉が京都宇治に茶商を創業。以来、160年以上にわたり「中村茶」をはじめとした銘茶を提供してきた。その歴史をもって開発されたのがこの「生茶ゼリイ」。抹茶本来の甘さと旨味、ほうじ茶の香ばしさをそれぞれ丁寧に引き出し、「ゼリイ」に閉じ込めた。口当たりも良く、瑞々しい食感。写真はテイクアウト仕様で、店舗ではアイスが添えられたメニューも。

〈銀座店〉東京都中央区銀座6-10-1
GINZA SIX 4F
TEL 03-6264-5168
＊宇治本店をはじめとした店内やテイクアウトのほか、自社サイトでも購入可能

京菓匠七條甘春堂の
コーヒーゼリーの花ようかん

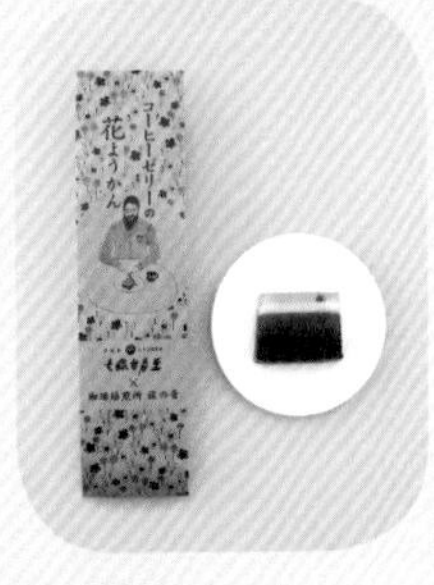

慶応元(1865)年創業。三十三間堂前に店を構え、茶人たちに愛される四季の菓子を手がけてきた。近年は伝統の味に新しい視点をプラスした菓子作りにも取り組み、こちらもその一つ。北白川にある珈琲焙煎所「旅の音」が丁寧に焙煎したエチオピアコーヒーを使い、羊羹とゼリーに。ミルク羹を重ね、表面はミントゼリーと熟成ラズベリーで彩っている。和洋異なる味が絶妙なバランスで、お茶にもコーヒーにも合う。

〈本店〉京都府京都市東山区西の門町551 TEL 075-541-4090
＊店舗のほか自社サイトでも購入可能

風土菓桃林堂のコンフィズリー

ジンやリキュール、ラムなど洋酒をベースに仕上げた大人のゼリー菓子。シャリッとした食感にほのかな甘さ。きらきらと光る砂糖をまとった姿も美しい。作るのは、大正14(1925)年、大阪・八尾市に創業した和菓子店。国産の素材を厳選し、菓子に使う餡や生地もすべて手作りにこだわる。

〈青山本店〉東京都港区北青山3-6-12ヒューリック青山ビル1階
TEL 03-3400-8703
＊店舗のほか自社サイトでも購入可能

Asia

番外・アジアのゼリーふうデザート

黒工号の仙草ゼリー

仙草ゼリーは台湾の定番デザート。乾燥させた仙草(植物)を煮詰め、固めた天然のゼリーだ。こちらの黒工号は、台南にある専門店の日本直営店。現地から直送される仙草エキスを使って、店で丁寧に手作りしている。薬草の臭みもなく自然な甘さで、プルっと弾力満点。おすすめは、イモボールなどがトッピングされた写真の「黒号1号」。

〈上野店〉東京都台東区上野4-6-8 TEL 03-6875-1230

甘露(たおじゃお)の桃膠(わんず)丸子双皮奶(しゅぁんぴぃない)

中国のお茶と薬膳スイーツを食べられるカフェ。15種以上あるおやつの中で特に人気なのが「桃膠丸子双皮奶」。広東式ミルクプリンを、「桃膠」と言われる桃の樹液からできる甘いジュレで閉じ込めたものだ(写真はミルクプリンをカラメル風味にした「焦糖桃膠双皮奶」)。トロトロの食感がクセになる。

東京都新宿区西早稲田3-14-11 TEL 03-6823-5484

＊画像提供：珈琲所コメダ珈琲店、珈琲屋らんぷ、大熊果実店、ウサギノネドコ、喫茶ソワレ、白、中村藤吉本店、黒工号

JELLY BOOK

Delicious COLUMN *vol.05*

ゼリーパンの謎 その1

ゼリーとパン。一見無関係なこの2つの食べ物がひとつになった“ゼリーパン”なるものがあると聞き
東京・世田谷の「木村屋」と、昔懐かしの「ロバのパン」を訪ねた。

変わらぬ町のパン屋、世田谷「木村屋」

京王線・千歳烏山駅から徒歩10分、住宅地の一角にある木村屋は昭和39（1964）年、東京オリンピックの年に開業した。長年切り盛りしてきたのは、小泉勝彦さんとキミ子さんご夫婦。小田原出身のご主人が都内の店で修行後に独立し、以来、60年近く共に店に立つ。

オープン当初はまだ周囲にコンビニもスーパーもなく、商店街が賑わいを見せていたそうだ。「うちも近くの銭湯が閉まる時間にあわせて夜11時まで営業していたんですよ」とキミ子さん。時が移り、周辺はすっかり様変わりしたが、今も親子二代、三代と通う近所の馴染み客がひっきりなしに訪れる。

お店の窮地を救った
プリンパンとゼリーパン

40年ほど前、パンが売れなくなる夏場にご主人が「冷えたプリンを乗せてみよう」と言い出し、名物・プリンパンが生まれた。その後、近くの学校の生徒たちのリクエストでゼリーパンも誕生。娘さんが学生のとき、友人たちに「学校に持ってきて」と懇願されるほど人気商品になった。近くにライバル店が出来たときには不思議とテレビの取材が舞い込み、問い合わせが殺到したそうだ。

50年で閉めようと決めていた店は現在娘さん夫婦が引き継ぎ、プリンパンとゼリーパンの味もしっかり守られている。

プリンパンとゼリーパンは、店頭にない場合も声をかけたらその場で作ってもらえる。パンのオマケに駄菓子がもらえたり娘さん夫婦（長江伸也さん・美香さん）に代替わりしてもサービス満点の接客は健在。

ふんわりモッチリした生地のパンにオレンジやグレープのゼリーをまるごとトッピング。ゼリーやプリンは近くの店で買ってきたもの。パンのくぼみには生クリームが敷かれており、最後まで水っぽくならず食べられる。

木村屋／東京都世田谷区粕谷3-30-14 TEL 03-3309-0916

JELLY BOOK

Delicious COLUMN vol.05

ゼリーパンの謎 その2

「♪ロバのおじさんチンカラリン〜」というお馴染みのテーマソングとともに
戦後、日本の各地で見られた行商のパン屋「ロバのパン」。その東海地方限定の味"ゼリー"とは。

カラフルな〝ゼリー〟蒸しパン

昭和30〜50年代、移動販売のパン屋として全国的に親しまれていた「ロバのパン」。その味のひとつに〝ゼリー〟がある。クッキーやパウンドケーキなどのトッピングとして使われるミックスゼリーを生地に混ぜ込んだものだ。ふんわりしたパンの表面や中から、色とりどりのゼリーが顔を覗かせている。

ロバのパンは、創業者である桑原貞吉が昭和2（1927）年、京都で開いた饅頭屋がルーツ。開業して間もなく、貞吉は交流のあったパン屋に、表面が花弁のように割れた蒸しパンの作り方を教えてもらったという。貞吉はそのパンに改良を加え、ふんわりと柔らかく独特の旨味を持つものへと仕上げ、駄菓子店などに卸すようになった。

商才に長けた貞吉は、このパンを製造販売する代理店を全国に募った。今でいうフランチャイズチェーンである。またこの頃、店名を「ビタミンパン連鎖店本部」に変更（昭和6年）。当時、パンの原料である小麦に含まれるビタミンが、日本人に不足する栄養を補うと世間から注目されていた。

ロバや馬が引くパン屋を子どもたちが夢中で追いかけた

戦中、貞吉は一度はパン屋を廃業するが、昭和26（1951）年に再開。その約2年後、ロバに荷車を引かせる販売スタイルを始めるとこれが子どもたちに大いに受けた。また、大規模な食品機械見本市でも披露したことで評判となり、代理店加入の申込みが殺到。西日本を中心に、昭和35年頃の最盛期には約150軒まで拡大したそうだ。

その後、高度成長期による時代の波に呑まれロバのパンは徐々に衰退していく。現在残るのは京都本部のほか岐阜、高知、徳島のみ。

その姿も幌馬車からワゴン車に変わったが、荷台にたっぷり積んだ蒸しパンの味は変わらない。街に出れば、今も子どもたちや昔を懐かしむ大勢の客で賑わう。

参考資料…『ロバのパン物語』（南浦邦仁・著、かもがわ出版・刊）

チョコレートや抹茶、カスタードクリームなど、十数種類ある味のなかでもひときわ可憐な面持ちの〝ゼリー〟(右)。かつて東海地区のみで販売され、子どもたちに大人気だった味を「一恵庵 ロバのパン工房」が復活させた。生地作りには、「パンの素」と呼ばれるロバのパンオリジナルの粉を使用。貞吉が考案し、代理店契約を結んだ店のみに送られた門外不出の〝魔法の粉〟で、それが今も引き継がれている。

ロバのパン岐阜「一恵庵 ロバのパン工房」
岐阜県岐阜市岩栄町2-17三栄ビル1階
TEL 058-213-8188

平日は東海3県で移動販売を行うほか、土日・祝日には「ぎふ清流里山公園」内の店舗「一恵庵ロバのパン工房」(岐阜県美濃加茂市山之上町2292-1)でも販売している。

写真左は昭和30年頃の販売の様子。ロバのほかに、馬や自転車も荷台を引いていたそうだ。右は現在の岐阜支部「一恵庵 ロバのパン工房」の販売車。貞吉の生地である岐阜のロバのパンは、昭和の終わりとともに一度途絶えたが、平成21(2009)年、京都本部承認の下、渡辺真理子さん・山田幸弘さんらによって復活。平日は1日200〜250個、イベント時は1日に2000個以上を売り上げるという。

82 村上開新堂
京都府京都市中京区寺町通二条上ル東側
TEL 075-231-1058

83 マールブランシュ 京都北山本店
京都府京都市北区北山通植物園北山門前
TEL 075-722-3399

84 フルーツパーラー クリケット
京都府京都市北区平野八丁柳町68-1
サニーハイム金閣寺1F
TEL 075-461-3000

85 たねや
滋賀県近江八幡市北ノ庄町615-1
TEL 0748-33-6666(代)

86 ゴンチャロフ製菓
兵庫県神戸市灘区船寺通4-2-8
TEL 078-881-1188(本社営業部)

88 永楽屋 本店
京都府京都市中京区河原町通四条上る東側
TEL 075-221-2318

88 むか新 羽倉崎店
大阪府泉佐野市羽倉崎1-4-7
TEL 072-462-0724

89 大極殿本舗 本店
京都府京都市中京区高倉通四条上ル帯屋町590
TEL 075-221-3323(事務所)

六角店
京都府京都市中京区六角通高倉東入ル堀之上町120

90 京都吉兆 食文化創造部
京都府京都市右京区嵯峨一本木町28-3
TEL 075-881-1102

91 アンリ・シャルパンティエ 芦屋本店
兵庫県芦屋市公光町7-10-101
TEL 0120-917-215(お客様相談室)

92 堀内果実園
奈良県五條市西吉野町平沼田1393
TEL 0747-20-8013

93 御菓子司 本家菊屋 本店
奈良県大和郡山市柳1-11
TEL 0743-52-0035

94 ふみこ農園
和歌山県有田郡有田川町野田594-1
TEL 0120-14-2353

95 早和果樹園
和歌山県有田市宮原町新町275-1
TEL 0120-043-052

96 観音山フルーツガーデン(柑香園)
和歌山県紀の川市粉河3186-126
TEL 0736-74-3331

97 寿製菓 米子支店
鳥取県米子市両三柳4005-1
TEL 0859-21-8841

98 日吉製菓
島根県出雲市長浜町659-19
TEL 0853-28-2930

98 志ほや
岡山県岡山市北区表町1-7-65
TEL 0120-753-408

99 尾道市農業協同組合
因島はっさくゼリーセンター
広島県尾道市因島中庄町2063
TEL 0120-839-041

100 土井酒店
広島県呉市川尻町原山3-2-2
TEL 0823-87-6363

101 shop&cafe アンファーム(安藤果樹園)
香川県三豊市財田町財田上6476-1
TEL 0875-67-2336

102 無茶々園
愛媛県西予市明浜町狩浜2-1350
TEL 0894-65-1417

102 ビバ沢渡
高知県吾川郡仁淀川町別枝606
TEL 0889-32-1234

103 菓舗 浜幸 はりまや本店
高知県高知市はりまや町1-1-1
TEL 088-875-8151(代)

104 鈴懸
福岡県福岡市博多区下呉服町4-5
TEL 092-291-2867(代)

105 茂木一まる香本家
長崎県長崎市茂木町1805
TEL 095-836-0007

106 呼子 甘夏かあちゃん
佐賀県唐津市呼子町大字加部島3748
TEL 0955-82-2920

107 七城町特産品センター
熊本県菊池市七城町大字岡田306
TEL 0968-25-5757

問い合わせ先リスト

P51〜107で紹介したお店・メーカーの連絡先を収録

51 六花亭製菓
北海道帯広市西24条北1-3-19
TEL 0120-12-6666(代)

52 上ボシ武内製飴所
青森県青森市本町5-1-20
TEL 017-734-1834

52 髙鉱菓子舗
岩手県花巻市大迫町大迫18-22-3
TEL 0198-48-3152

53 九重本舗玉澤
宮城県仙台市太白区郡山4-2-1
TEL 022--246-3211(代)

54 杵屋本店 上山工場
山形県上山市弁天2-3-12
TEL 023-673-5444

55 みすゞ飴本舗 飯島商店
長野県上田市中央1-1-21
TEL 0268-23-2150

56 たかはたファーム
山形県東置賜郡高畠町大字入生田100
TEL 0238-57-4401(代)

58 サエグサファクトリー
山形県寒河江市西根北町7-50
TEL 0237-85-7393(代)

59 FARM PATISSERIE LE FUKASAKU
茨城県鉾田市台濁沢157
TEL 0291-32-8732

60 ラ・メゾン・デュ・マサコ
栃木県宇都宮市大寛1-1-8 玉屋硝子店内
TEL 028-633-4847

61 八百正 吉田商店
群馬県前橋市若宮町2-12-22
TEL 027-231-3501

62 ロンシャン洋菓子店
栃木県宇都宮市下岡本町4547-20
TEL 028-673-2205

64 トミゼンフーヅ(彩果の宝石)
埼玉県さいたま市南区辻5-3-27
TEL 048-864-2881(代)

65 八幡屋本店
埼玉県秩父市番場町8-18
TEL 0494-22-0010

66 京橋千疋屋
東京都中央区京橋1-1-9
TEL 0120-037-877(通販に関する問い合わせ)

67 資生堂パーラー
東京都中央区銀座8-8-3
TEL 0120-4710-04

68 メサージュ・ド・ローズ 大丸東京店
東京都千代田区丸の内1-9-1
大丸東京ほっぺタウン1階 和洋菓子売り場
TEL 03-3212-8011(代)

69 シャンティ洋菓子店
埼玉県北足立郡伊奈町寿2-87-4
TEL 048-728-2116

70 Chef's Marche
東京都目黒区鷹番3-5-6 クアルトエム1階
TEL 03-6451-0075

71 銀座千疋屋 銀座本店フルーツショップ
東京都中央区銀座5-5-1
TEL 03-3572-0101(代)

72 猿田彦珈琲 恵比寿本店
東京都渋谷区恵比寿1-6-6 斎藤ビル1F
TEL 03-5422-6970

73 さわやこおふぃ
東京都杉並区高円寺北3-20-2
TEL 03-3338-0324

73 レモンドロップ本店
東京都武蔵野市吉祥寺本町1-2-8 レモンビル1F
TEL 0422-22-9681

74 ヤオカネ
愛知県小牧市小牧3-182
TEL 0568-76-2037

75 メロー静岡 袋井本店
静岡県袋井市堀越538-1
TEL 0538-42-3056

75 巌邑堂
静岡県浜松市東区神立町136-10
TEL 053-545-3232

80 御菓子司 若松園 豊橋本店
愛知県豊橋市札木町87
TEL 0532-52-4641

81 とも栄 藤樹街道本店
滋賀県高島市安曇川町西万木211-1
TEL 0740-32-0842

名称	**おいしいゼリーブック**
発行	2021年3月25日 初版第1刷発行
編者	グラフィック社編集部
発行者	長瀬 聡
発行所	株式会社 グラフィック社 〒102-0073 東京都千代田区九段北1-14-17 TEL 03-3263-4318 FAX 03-3263-5297 http://www.graphicsha.co.jp 振替 00130-6-114345
印刷・製本	図書印刷株式会社

定価はカバーに表示してあります。
乱丁・落丁本は、小社業務部宛にお送りください。小社送料負担にてお取り替え致します。

ISBN978-4-7661-3449-0 C0077

＊掲載した情報はすべて2021年2月1日現在のものです。

デザイン	中村 妙（文京図案室）
写真	中垣美沙 グラフィック社編集部（P113-123）
イラスト	コグレチエコ
編集	大庭久実（グラフィック社）